工程量清单计价编制快学快用系列

园林绿化工程清单计价编制快学快用

冯宪伟　吴小燕　主　编

中国建材工业出版社

图书在版编目(CIP)数据

园林绿化工程清单计价编制快学快用/冯宪伟,吴小燕主编.—北京:中国建材工业出版社,2014.12
(工程量清单计价编制快学快用系列)
ISBN 978-7-5160-1028-0

Ⅰ.①园… Ⅱ.①冯… ②吴… Ⅲ.①园林-绿化-工程造价-基本知识 Ⅳ.①TU986.3

中国版本图书馆 CIP 数据核字(2014)第 266399 号

园林绿化工程清单计价编制快学快用
冯宪伟 吴小燕 主编

出版发行:中国建材工业出版社
地　　址:北京市海淀区三里河路1号
邮　　编:100044
经　　销:全国各地新华书店
印　　刷:北京紫瑞利印刷有限公司
开　　本:850mm×1168mm　1/32
印　　张:11
字　　数:306 千字
版　　次:2014 年 12 月第 1 版
印　　次:2014 年 12 月第 1 次
定　　价:30.00 元

本社网址:www.jccbs.com.cn　　微信公众号:zgjcgycbs
本书如出现印装质量问题,由我社营销部负责调换。电话:(010)88386906
对本书内容有任何疑问及建议,请与本书责编联系。邮箱:dayi51@sina.com

内 容 提 要

本书根据《建设工程工程量清单计价规范》(GB 50500—2013)和《园林绿化工程工程量计算规范》(GB 50858—2013),紧扣"快学快用"的理念进行编写,全面系统地介绍了园林绿化工程工程量清单计价的基础理论和方式方法。全书主要内容包括工程量清单与计价方法,清单计价模式下的园林工程招标,清单计价模式下的园林工程投标报价,绿化工程工程量计算,园路、园桥工程工程量计算,园林景观工程工程量计算,措施项目工程量计算,清单计价模式下的施工合同管理,工程竣工结算与竣工决算等。

本书内容丰富实用,可供园林绿化工程造价编制与管理人员使用,也可供高等院校相关专业师生学习时参考。

前 言

工程造价是工程建设的核心，也是市场运行的核心内容，建筑市场存在许多不规范的行为，大多数与工程造价有直接联系。工程量清单计价是建设工程招标投标中，按照国家统一的工程量清单计价规范及相关工程国家计量规范，由招标人提供工程数量，投标人自主报价，经评审低价中标的工程造价计价模式。采用工程量清单计价有利于发挥企业自主报价的能力，同时也有利于规范业主在工程招标中的计价行为，有效改变招标单位在招标中盲目压价的行为，从而真正体现公开、公平、公正的原则，反映市场经济规律。

2012年12月25日，住房和城乡建设部发布了《建设工程工程量清单计价规范》（GB 50500—2013）及《房屋建筑与装饰工程工程量计算规范》（GB 50854—2013）等9本工程量计算规范。这10本规范是在《建设工程工程量清单计价规范》（GB 50500—2008）的基础上，以原建设部发布的工程基础定额、消耗量定额、预算定额以及各省、自治区、直辖市或行业建设主管部门发布的工程计价定额为参考，以工程计价相关的国家或行业的技术标准、规范、规程为依据，收集近年来新的施工技术、工艺和新材料的项目资料，经过整理，在全国广泛征求意见后编制而成的，于2013年7月1日起正式实施。

本套丛书即以《建设工程工程量清单计价规范》（GB 50500—2013）和《房屋建筑与装饰工程工程量计算规范》（GB 50854—2013）、《通用安装工程工程量计算规范》（GB 50856—2013）、《市政工程工程量计算规范》（GB 50857—2013）、《园林绿化工程工程量计算规范》（GB 50858—2013）等计价计量规范为依据编写而成。本套丛书共包含以下分册：

1. 《建筑工程清单计价编制快学快用》

2. 《装饰装修工程清单计价编制快学快用》
3. 《水暖工程清单计价编制快学快用》
4. 《建筑电气工程清单计价编制快学快用》
5. 《通风空调工程清单计价编制快学快用》
6. 《市政工程清单计价编制快学快用》
7. 《园林绿化工程清单计价编制快学快用》
8. 《公路工程清单计价编制快学快用》

本套丛书主要具有以下特色：

(1) 丛书的编写严格参照 2013 版工程量清单计价规范及相关工程现行国家计量规范进行编写，对建设工程工程量清单计价方式、各相关工程的工程量计算规则及清单项目设置注意事项进行了详细阐述，并细致介绍了施工过程中工程合同价款约定、工程计量与价款支付、索赔与现场签证、工程价款调整、工程计价争议处理中应注意的各项要求。

(2) 丛书内容翔实、结构清晰、编撰体例新颖，在理论与实例相结合的基础上，注重应用理解，以更大限度地满足实际工作的需要，增加了图书的适用性和使用范围，提高了使用效果。

(3) 丛书直接以各工程具体应用为叙述对象，详细阐述了各工程量清单计价的实用知识，具有较高的实用价值，方便读者在工作中随时查阅学习。

丛书在编写过程中参考或引用了有关部门、单位和个人的资料，得到了相关部门及工程造价咨询单位的大力支持与帮助，在此表示衷心感谢。限于编者的学识及专业水平和实践经验，丛书中难免有疏漏或不妥之处，恳请广大读者指正。

编　者

目　　录

第一章　工程量清单与计价方法 (1)

第一节　工程量清单编制 (1)
一、工程量清单概述 (1)
二、工程量清单编制的依据 (2)
三、分部分项工程项目清单 (2)
四、措施项目 (4)
五、其他项目 (4)
六、规费 (7)
七、税金 (8)

第二节　工程量清单计价相关规定 (8)
一、计价方式 (8)
二、发包人提供材料和机械设备 (10)
三、承包人提供材料和工程设备 (11)
四、计价风险 (12)

第三节　建筑安装工程费用项目组成及计算方法 (13)
一、按照费用构成要素划分 (13)
二、按照工程造价形成划分 (19)
三、各费用构成要素参考计算方法 (22)
四、建筑安装工程计价参考公式 (25)
五、建筑安装工程计价程序 (27)

第二章　清单计价模式下的园林工程招标 (32)

第一节　工程项目招标 (32)
一、建设项目招标概述 (32)
二、工程项目招标方式与程序 (35)

三、工程项目招标实务 …………………………………………… (40)
第二节　招标控制价编制 ………………………………………… (52)
一、一般规定 ……………………………………………………… (52)
二、招标控制价编制与复核 ……………………………………… (54)
三、投诉与处理 …………………………………………………… (55)
四、招标工程量清单编制实例 …………………………………… (57)

第三章　清单计价模式下的园林工程投标报价 ……………… (72)
第一节　建设项目投标概述 ……………………………………… (72)
一、投标的概念 …………………………………………………… (72)
二、投标组织 ……………………………………………………… (72)
三、工程项目投标程序 …………………………………………… (74)
四、投标文件的组成 ……………………………………………… (74)
五、投标文件的递交 ……………………………………………… (82)
第二节　投标报价程序方法 ……………………………………… (83)
一、投标报价程序 ………………………………………………… (83)
二、投标报价的技巧及决策 ……………………………………… (86)
第三节　投标报价编制 …………………………………………… (94)
一、一般规定 ……………………………………………………… (94)
二、投标报价编制与复核 ………………………………………… (95)
三、工程量清单投标报价编制实例 ……………………………… (97)

第四章　绿化工程工程量计算 …………………………………… (116)
第一节　绿化工程概述 …………………………………………… (116)
第二节　绿地整理 ………………………………………………… (128)
一、绿地整理清单项目设置及工程量计算说明 ………………… (128)
二、绿地整理清单项目特征描述 ………………………………… (131)
三、工程量计算实例 ……………………………………………… (138)
第三节　栽植花木 ………………………………………………… (140)
一、栽植花木清单项目设置及工程量计算说明 ………………… (140)
二、栽植花木清单项目特征描述 ………………………………… (144)

三、工程量计算实例 ……………………………………………… (154)
　第四节　绿地喷灌 …………………………………………………… (157)
　　一、绿地喷灌清单项目设置及工程量计算说明 ………………… (157)
　　二、绿地喷灌清单项目特征描述 ………………………………… (158)
　　三、工程量计算实例 ……………………………………………… (162)

第五章　园路、园桥工程工程量计算 ………………………………… (164)
　第一节　园路、园桥工程概述 ……………………………………… (164)
　　一、园路 …………………………………………………………… (164)
　　二、园桥 …………………………………………………………… (167)
　　三、驳岸、护岸 …………………………………………………… (168)
　第二节　园路、园桥工程 …………………………………………… (168)
　　一、园路、园桥工程清单项目设置及工程量计算说明 ………… (168)
　　二、园路、园桥工程清单项目特征描述 ………………………… (172)
　　三、工程量计算实例 ……………………………………………… (180)
　第三节　驳岸、护岸 ………………………………………………… (185)
　　一、驳岸、护岸清单项目设置及工程量计算说明 ……………… (185)
　　二、驳岸、护岸清单项目特征描述 ……………………………… (187)
　　三、工程量计算实例 ……………………………………………… (188)

第六章　园林景观工程工程量计算 …………………………………… (191)
　第一节　园林景观工程概述 ………………………………………… (191)
　　一、园林景观的内容和设计类型 ………………………………… (191)
　　二、假山分类及材料 ……………………………………………… (191)
　　三、原木、竹构件分类 …………………………………………… (195)
　　四、花架的形式及材料 …………………………………………… (195)
　　五、喷泉的形式及图例 …………………………………………… (196)
　　六、杂项工程图例 ………………………………………………… (203)
　第二节　堆塑假山 …………………………………………………… (204)
　　一、堆塑假山清单项目设置及工程量计算说明 ………………… (204)
　　二、堆塑假山清单项目特征描述 ………………………………… (206)

三、工程量计算实例 ……………………………………… (209)
第三节　原木、竹构件 ……………………………………… (216)
　一、原木、竹构件清单项目设置及工程量计算说明 ……… (216)
　二、原木、竹构件清单项目特征描述 …………………… (217)
　三、工程量计算实例 ……………………………………… (219)
第四节　亭廊屋面 …………………………………………… (222)
　一、亭廊屋面清单项目设置及工程量计算说明 ………… (222)
　二、亭廊屋面清单项目特征描述 ………………………… (225)
　三、工程量计算实例 ……………………………………… (227)
第五节　花架 ………………………………………………… (230)
　一、花架清单项目设置及工程量计算说明 ……………… (230)
　二、花架清单项目特征描述 ……………………………… (232)
　三、工程量计算实例 ……………………………………… (235)
第六节　园林桌椅 …………………………………………… (240)
　一、园林桌椅清单项目设置及工程量计算说明 ………… (240)
　二、园林桌椅清单项目特征描述 ………………………… (243)
　三、工程量计算实例 ……………………………………… (246)
第七节　喷泉安装 …………………………………………… (249)
　一、喷泉安装清单项目设置及工程量计算说明 ………… (249)
　二、喷泉安装清单项目特征描述 ………………………… (250)
　三、工程量计算实例 ……………………………………… (253)
第八节　杂项 ………………………………………………… (255)
　一、杂项清单项目设置及工程量计算说明 ……………… (255)
　二、杂项清单项目特征描述 ……………………………… (261)
　三、工程量计算实例 ……………………………………… (263)

第七章　措施项目工程量计算 ……………………………… (269)

第一节　脚手架工程 ………………………………………… (269)
　一、脚手架工程清单项目设置及工程量计算规则 ……… (269)
　二、脚手架工程清单项目说明 …………………………… (270)
第二节　模板工程 …………………………………………… (272)

一、模板工程清单项目设置及工程量计算规则 …………… (272)
　　二、模板工程清单项目说明 ………………………………… (274)
　第三节　树木支撑架、草绳绕树干、搭设遮阴(防寒)棚工程 …… (274)
　　一、树木支撑架、草绳绕树干、搭设遮阴(防寒)棚工程清单项目　设置及工程量计算规则 …………………………………… (274)
　　二、树木支撑架、草绳绕树干、搭设遮阴(防寒)棚工程清单项目说明 ……… (275)
　第四节　围堰、排水工程 …………………………………… (276)
　　一、围堰、排水工程清单项目设置及工程量计算规则 …… (276)
　　二、围堰、排水工程清单项目说明 ………………………… (277)
　第五节　安全文明施工及其他措施项目 …………………… (277)
　　一、安全文明施工及其他措施项目清单项目设置及工程量计算规则 …… (277)
　　二、安全文明施工及其他措施项目清单项目说明 ………… (279)

第八章　清单计价模式下的施工合同管理 …………… (281)

　第一节　合同价款约定与调整 ……………………………… (281)
　　一、合同价款约定 …………………………………………… (281)
　　二、合同价款调整 …………………………………………… (283)
　第二节　工程计量与合同价款支付 ………………………… (300)
　　一、工程计量 ………………………………………………… (300)
　　二、合同价款期中支付 ……………………………………… (302)
　第三节　合同价款争议解决 ………………………………… (307)
　　一、监理或造价工程师暂定 ………………………………… (307)
　　二、管理机构的解释和认定 ………………………………… (308)
　　三、协商和解 ………………………………………………… (309)
　　四、调解 ……………………………………………………… (309)
　　五、仲裁、诉讼 ……………………………………………… (310)

第九章　工程竣工结算与竣工决算 …………………… (312)

　第一节　工程竣工结算 ……………………………………… (312)
　　一、竣工结算概述 …………………………………………… (312)
　　二、工程竣工结算的编制依据 ……………………………… (314)

三、工程竣工结算的编制程序及方法 …………………………… (315)
四、工程竣工结算审核 …………………………………………… (316)
五、工程竣工结算使用表格 ……………………………………… (317)
第二节 工程竣工决算 ……………………………………………… (331)
一、工程竣工决算的概念 ………………………………………… (331)
二、工程竣工决算的作用 ………………………………………… (331)
三、工程竣工决算的主要内容 …………………………………… (332)

参考文献 ……………………………………………………………… (339)

第一章　工程量清单与计价方法

第一节　工程量清单编制

一、工程量清单概述

1. 工程量清单的概念

工程量清单是表现拟建工程的分部分项工程项目、措施项目、其他项目、规费项目和税金项目的名称和相应数量的明细清单。工程量清单包括分部分项工程量清单、措施项目清单、其他项目清单、规费项目清单和税金项目清单。应用工程量清单时应注意：

(1)工程量清单应由招标人负责编制，若招标人不具有编制工程量清单的能力，则可根据《工程造价咨询企业管理办法》(原建设部第149号令)的规定，委托具有工程造价咨询性质的工程造价咨询人编制。

(2)采用工程量清单方式招标，工程量清单必须作为招标文件的组成部分，其准确性和完整性由招标人负责。

(3)工程量清单是工程量清单计价的基础，应作为编制招标控制价、投标报价、计算工程量、支付工程款、调整合同价款、办理竣工结算以及工程索赔等的依据之一。

2. 园林工程工程计量相关规定

(1)本规范各项目仅列出了主要工作内容，除另有规定和说明外，应视为已经包括完成该项目所列或未列的全部工作内容。

(2)园林绿化工程(另有规定者除外)涉及普通公共建筑物等工程的项目以及垂直运输机械、大型机械设备进出场及安拆等项目，按国家现行标准《房屋建筑与装饰工程工程量计算规范》(GB 50854—2013)

的相应项目执行;涉及仿古建筑工程的项目,按国家现行标准《仿古建筑工程工程量计算规范》(GB 50855—2013)的相应项目执行;涉及电气、给排水等安装工程的项目,按照国家现行标准《通用安装工程工程量计算规范》(GB 50856—2013)的相应项目执行;涉及市政道路、路灯等市政工程的项目,按国家现行标准《市政工程工程量计算规范》(GB 50857—2013)的相应项目执行。

二、工程量清单编制的依据

(1)《建设工程工程量清单计价规范》(GB 50500—2013)(以下简称"13计价规范")。

(2)国家或省级、行业建设主管部门颁发的计价依据和办法。

(3)建设工程设计文件。

(4)与建设工程项目有关的标准、规范、技术资料。

(5)招标文件及其补充通知、答疑纪要。

(6)施工现场情况、工程特点及常规施工方案。

(7)其他相关资料。

三、分部分项工程项目清单

(1)分部分项工程项目清单应包括项目编码、项目名称、项目特征、计量单位和工程量。这是构成分部分项工程项目清单的五个要件,在分部分项工程项目清单的组成中缺一不可。

(2)分部分项工程项目清单应根据《园林绿化工程工程量计算规范》(GB 50858—2013)中附录规定的项目编码、项目名称、项目特征、计量单位和工程量计算规则进行编制。

(3)分部分项工程项目清单的项目编码应采用十二位阿拉伯数字表示。其中一、二位为工程分类顺序码,房屋建筑与装饰工程为01,仿古建筑工程为02,通用安装工程为03,市政工程为04,园林绿化工程为05,矿山工程为06,构筑物工程为07,城市轨道交通工程为08,爆破工程为09;三、四位为专业工程顺序码;五、六位为分部工程顺序码;七、八、九位为分项工程项目名称顺序码;十至十二位为清单项目名称顺序码,应根据拟建工程的工程量清单项目名称设置,同一招标工程的项目编码不得有重码。例如一个标段(或合同段)的工程量清单中含有三个单项或单位工程,每一单项或单位工程中都有项目特征相同的砍伐乔木,在工程量清单中又需反映三个不同单项或单位工程的砍伐乔木工程量时,此时工程量清单应以单项或单位工程为编制对象,第一个单项或单位工程的砍伐乔木的项目编码为 050101001001,第二个单项或单位工程的砍伐乔木的项目编码为 050101001002,第三个单项或单位工程的砍伐乔木的项目编码为 050101001003。

(4)分部分项工程项目清单的项目名称应按《园林绿化工程工程量计算规范》(GB 50858—2013)附录的项目名称结合拟建工程的实际确定。

(5)分部分项工程项目清单中所列工程量应按《园林绿化工程工程量计算规范》附录中规定的工程量计算规则计算。工程量的有效位数应遵守下列规定:

1)以"t"为单位,应保留三位小数,第四位小数四舍五入。

2)以"m""m^2""m^3"为单位,应保留两位小数,第三位小数四舍五入。

3)以"株""丛""缸""套""个""支""只""块""根""座"等为单位,应取整数。

(6)分部分项工程项目清单的计量单位应按《园林绿化工程工程量计算规范》(GB 50858—2013)附录中规定的计量单位确定,当计量单位有两个或两个以上时,应根据拟建工程项目的实际,选择最适宜表现该项目特征并方便计量的单位。

(7)分部分项工程项目清单项目特征应按《园林绿化工程工程量计算规范》(GB 50858—2013)附录中规定的项目特征,结合拟建工程项目的实际予以描述。

四、措施项目

(1)措施项目清单必须根据相关工程国家现行计量规范的规定编制。

(2)由于工程建设施工特点和承包人组织施工生产的施工装备水平、施工方案及施工管理水平的差异,同一工程由不同承包人组织施工采用的施工技术措施也不完全相同,因此,措施项目清单应根据拟建工程的实际情况列项。

五、其他项目

(1)其他项目清单宜按照下列内容列项:

1)暂列金额。暂列金额是招标人在工程量清单中暂定并包括在合同价款中的一笔款项。清单计价规范中明确规定暂列金额用于施工合同签订时尚未确定或者不可预见的所需材料、设备、服务的采购,施工中可能发生的工程变更、合同约定调整因素出现时的工程价款调整以及发生的索赔、现场签证确认等的费用。

不管采用何种合同形式,工程造价理想的标准是,一份合同的价格就是其最终的竣工结算价格,或者至少两者应尽可能接近。我国规定对政府投资工程实行概算管理,经项目审批部门批复的设计概算是工程投资控制的刚性指标,即使商业性开发项目也有成本的预先控制问题,否则,无法相对准确预测投资的收益和科学合理地进行投资控制。但工程建设自身的特性决定了工程的设计需要根据工程进展不断地进行优化和调整,业主需求可能会随工程建设进展出现变化,工程建设过程还会存在一些不能预见、不能确定的因素。消化这些因素必然会影响合同价格的调整,暂列金额正是为这类不可避免的价格调整而设立,以便达到合理确定和有效控制工程造价的目的。

另外,暂列金额列入合同价格不等于就属于承包人所有了,即使是总价包干合同,也不等于列入合同价格的所有金额就属于承包人,是否属于承包人应得金额取决于具体的合同约定,只有按照合同约定程序实际发生后,才能成为承包人的应得金额,纳入合同结算价款中。扣除实际发生金额后的暂列金额余额仍属于发包人所有。设立暂列金额并不能保证合同结算价格就不会再出现超过合同价格的情况,是否超出合同价格完全取决于工程量清单编制人暂列金额预测的准确性,以及工程建设过程是否出现了其他事先未预测到的事件。

2)暂估价。暂估价是指招标阶段直至签订合同协议时,招标人在招标文件中提供的用于支付必然发生但暂时不能确定价格的材料以及专业工程的金额。暂估价包括材料暂估单价、工程设备暂估单价和专业工程暂估价。暂估价类似于 FIDIC 合同条款中的 Prime Cost Items,在招标阶段预见肯定要发生,只是因为标准不明确或者需要由专业承包人完成,暂时无法确定价格。暂估价数量和拟用项目应当结合工程量清单中的"暂估价表"予以补充说明。

为方便合同管理,需要纳入分部分项工程项目清单综合单价中的暂估价应只是材料费、工程设备费,以方便投标人组价。

专业工程的暂估价一般应是综合暂估价,应当包括除规费和税金以外的管理费、利润等取费。总承包招标时,专业工程设计深度往往是不够的,一般需要交由专业设计人设计,国际上,出于提高可建造性考虑,一般由专业承包人负责设计,以发挥其专业技能和专业施工经验的优势。这类专业工程交由专业分包人完成是国际工程的良好实践,目前在我国工程建设领域也已经比较普遍。公开透明地合理确定这类暂估价实际开支金额的最佳途径,就是通过施工总承包人与工程建设项目招标人共同组织的招标。

3)计日工。计日工是为解决现场发生的零星工作的计价而设立的,其为额外工作和变更的计价提供了一个方便、快捷的途径。计日工适用的零星工作一般是指合同约定之外的或者因变更而产生的、工程量清单中没有相应项目的额外工作,尤其是那些时间不允许事先商定价格的额外工作。计日工以完成零星工作所消耗的人工工时、材料数量、机械台班进行计量,并按照计日工表中填报的适用项目的单价进行计价支付。

国际上常见的标准合同条款中,大多数都设立了计日工(Daywork)计价机制。但在我国以往的工程量清单计价实践中,由于计日工项目的单价水平一般要高于工程量清单项目的单价水平,因而经常被忽略。从理论上说,由于计日工往往是用于一些突发性的额外工作,缺少计划性,承包人在调动施工生产资源方面难免影响已经计划好的工作,生产资源的使用效率也有一定的降低,客观上造成超出常规的额外投入。另外,其他项目清单中计日工往往是一个暂定的数量,其无法纳入有效的竞争。所以合理的计日工单价水平一定要高于工程量清单的价格水平。为获得合理的计日工单价,发包人在其他项目清单中对计日工一定要给出暂定数量,并需要根据经验尽可能估算一个较接近实际的数量。

4)总承包服务费。总承包服务费是为了解决招标人在法律、法规允许的条件下进行专业工程发包,以及自行供应材料、设备,并需要总承包人对发包的专业工程提供协调和配合服务,对供应的材料、设备提供收、发和保管服务以及进行施工现场管理时发生,并向总承包人支付的费用。招标人应预计该项费用并按投标人的投标报价向投标人支付该项费用。

(2)为保证工程施工建设的顺利实施,投标人在编制招标工程量清单时应对施工过程中可能出现的各种不确定因素对工程造价的影响进行估算,列出一笔暂列金额。暂列金额可根据工程的复杂程度、设计深度、工程环境条件(包括地质、水文、气候条件等)进行估算,一般可按分部分项工程费的10%～15%作为参考。

(3)暂估价中的材料、工程设备暂估单价应根据工程造价信息或参照市场价格估算,列出明细表;专业工程暂估价应分不同专业,按有关计价规定估算,列出明细表。

(4)计日工应列出项目名称、计量单位和暂估数量。

(5)总承包服务费应列出服务项目及其内容等。

(6)出现上述第(1)条中未列的项目,应根据工程实际情况补充。如办理竣工结算时就需将索赔及现场签证列入其他项目中。

六、规费

规费是根据省级政府或省级有关权力部门规定必须缴纳的,应计入建筑安装工程造价的费用。根据住房和城乡建设部、财政部"关于印发《建筑安装工程费用项目组成》的通知"(建标〔2013〕44号)的规定,规费主要包括社会保险费、住房公积金、工程排污费,其中社会保险费包括养老保险费、医疗保险费、失业保险费、工伤保险费和生育保险费;税金主要包括营业税、城市维护建设税、教育费附加和地方教育附加。规费作为政府和有关权力部门规定必须缴纳的费用,政府和有关权力部门可根据形势发展的需要,对规费项目进行调整,因此,清单编制人对《建筑安装工程费用项目组成》中未包括的规费项目,在编制规费项目清单时应根据省级政府或省级有关权力部门的规定列项。

(1)规费项目清单应按照下列内容列项:

1)社会保险费:包括养老保险费、失业保险费、医疗保险费、工伤保险费、生育保险费。

2)住房公积金。

3)工程排污费。

(2)相对于"08计价规范","13计价规范"对规费项目清单进行了以下调整:

1)根据《中华人民共和国社会保险法》的规定,将"08计价规范"使用的"社会保障费"更名为"社会保险费",将"工伤保险费、生育保险费"列入社会保险费。

2)根据十一届全国人大常委会第20次会议将《中华人民共和国建筑法》第四十八条由"建筑施工企业必须为从事危险作业的职工办理意外伤害保险,支付保险费"修改为"建筑施工企业应当依法为职工参加工伤保险缴纳工伤保险费。鼓励企业为从事危险作业的职工办理意外伤害保险,支付保险费"。由于建筑法将意外伤害保险由强制改为鼓励,因此,"13计价规范"中规费项目增加了工伤保险费,删除了意外伤害保险,将其在企业管理费中列支。

3)根据财政部、国家发展改革委《关于公布取消和停止征收100项行政事业性收费项目的通知》(财综〔2008〕78号)的规定,工程定额测定费从2009年1月1日起取消,停止征收。因此,"13计价规范"中规费项目取消了工程定额测定费。

七、税金

根据住房和城乡建设部、财政部《关于印发〈建筑安装工程费用项目组成〉的通知》(建标〔2013〕44号)的规定,目前我国税法规定应计入建筑安装工程造价的税种包括营业税、城市建设维护税、教育费附加和地方教育附加。如国家税法发生变化,税务部门依据职权增加了税种,应对税金项目清单进行补充。

税金项目清单应按下列内容列项:
(1)营业税。
(2)城市建设维护税。
(3)教育费附加。
(4)地方教育附加。

根据《财政部关于统一地方教育政策有关内容的通知》(财综〔2011〕98号)的有关规定,"13计价规范"相对于"08计价规范",在税金项目增列了地方教育附加项目。

第二节　工程量清单计价相关规定

一、计价方式

(1)使用国有资金投资的建设工程发承包,必须采用工程量清单计价。国有投资的资金包括国家融资资金、国有资金为主的投资资金。

1)国有资金投资的工程建设项目包括：

①使用各级财政预算资金的项目。

②使用纳入财政管理的各种政府性专项建设资金的项目。

③使用国有企事业单位自有资金，并且国有资产投资者实际拥有控制权的项目。

2)国家融资资金投资的工程建设项目包括：

①使用国家发行债券所筹资金的项目。

②使用国家对外借款或者担保所筹资金的项目。

③使用国家政策性贷款的项目。

④国家授权投资主体融资的项目。

⑤国家特许的融资项目。

3)国有资金为主的工程建设项目是指国有资金占投资总额50%以上，或虽不足50%但国有投资者实质上拥有控股权的工程建设项目。

(2)非国有资金投资的建设工程，"13计价规范"鼓励采用工程量清单计价方式，但是否采用，由项目业主自主确定。

(3)不采用工程量清单计价的建设工程，应执行"13计价规范"中除工程量清单等专门性规定外的其他规定。

(4)实行工程量清单计价应采用综合单价法，不论分部分项工程项目、措施项目、其他项目，还是以单价形式或以总价形式表现的项目，其综合单价的组成内容均包括完成该项目所需的、除规费和税金以外的所有费用。

(5)根据《中华人民共和国安全生产法》《中华人民共和国建筑法》《建设工程安全生产管理条例》《安全生产许可证条例》等法律、法规的规定，建设部办公厅印发了《建筑工程安全防护、文明施工措施费及使用管理规定》(建办〔2005〕89号)，将安全文明施工费纳入国家强制性标准管理范围，其费用标准不予竞争，并规定"投标方安全防护、文明施工措施的报价，不得低于依据工程所在地工程造价管理机构测定费率计算所需费用总额的90%"。2012年2月14日，财政部、国家安全生产监督管理总局印发的《企业安全生产费用提取和使用管理办法》（财企〔2012〕16号）规定："建设工程施工企业提取的安全费用列入工程造价，在竞标时，不得删减，列入标外管理"。

"13计价规范"规定措施项目清单中的安全文明施工费必须按国家或省级、行业建设主管部门的规定费用标准计算，招标人不得要求投标人对该项费用进行优惠，投标人也不得将该项费用参与市场竞争。此处的安全文明施工费包括《建筑安装工程费用项目组成》（建标〔2013〕44号）中措施费的文明施工费、环境保护费、临时设施费、安全施工费。

（6）根据住房和城乡建设部、财政部印发的《建筑安装工程费用项目组成》（建标〔2013〕44号）的规定，规费是政府和有关权力部门规定必须缴纳的费用。税金是国家按照税法预先规定的标准，强制地、无偿地要求纳税人缴纳的费用。它们都是工程造价的组成部分，但是其费用内容和计取标准都不是发、承包人能自主确定的，更不是由市场竞争决定的。因而"13计价规范"规定："规费和税金必须按国家或省级、行业建设主管部门的规定计算，不得作为竞争性费用"。

二、发包人提供材料和机械设备

《建设工程质量管理条例》第14条规定："按照合同约定，由建设单位采购建筑材料、建筑构配件和设备的，建设单位应当保证建筑材料、建筑构配件和设备符合设计文件和合同要求"；《中华人民共和国合同法》第283条规定："发包人未按照约定的时间和要求提供原材料、设备、场地、资金、技术资料的，承包人可以顺延工程日期，并有权要求赔偿停工、窝工等损失。""13计价规范"根据上述法律条文对发包人提供材料和机械设备的情况进行了如下约定：

（1）发包人提供的材料和工程设备（以下简称甲供材料）应在招标文件中按照规定填写《发包人提供材料和工程设备一览表》，写明甲供材料的名称、规格、数量、单价、交货方式、交货地点等。承包人投标时，甲供材料价格应计入相应项目的综合单价中，签约后，发包人应按合同约定扣除甲供材料款,不予支付。

(2)承包人应根据合同工程进度计划的安排,向发包人提交甲供材料交货的日期计划。发包人应按计划提供。

(3)发包人提供的甲供材料,如规格、数量或质量不符合合同要求,或由于发包人原因发生交货日期延误、交货地点及交货方式变更等情况的,发包人应承担由此增加的费用和(或)工期延误,并应向承包人支付合理利润。

(4)发承包双方对甲供材料的数量发生争议不能达成一致的,应按照相关工程的计价定额同类项目规定的材料消耗量计算。

(5)若发包人要求承包人采购已在招标文件中确定为甲供材料的,材料价格应由发承包双方根据市场调查确定,并应另行签订补充协议。

三、承包人提供材料和工程设备

《建设工程质量管理条例》第 29 条规定:"施工单位必须按照工程设计要求、施工技术标准和合同约定,对建筑材料、建筑构配件、设备和商品混凝土进行检验,检验应当有书面记录和专人签字;未经检验或者检验不合格的,不得使用。""13 计价规范"根据此法律条文对承包人提供材料和机械设备的情况进行了如下约定:

(1)除合同约定的发包人提供的甲供材料外,合同工程所需的材料和工程设备应由承包人提供,承包人提供的材料和工程设备均应由承包人负责采购、运输和保管。

(2)承包人应按合同约定将采购材料和工程设备的供货人及品种、规格、数量和供货时间等提交发包人确认,并负责提供材料和工程设备的质量证明文件,满足合同约定的质量标准。

(3)对承包人提供的材料和工程设备经检测不符合合同约定的质量标准,发包人应立即要求承包人更换,由此增加的费用和(或)工期延误应由承包人承担。对发包人要求检测承包人已具有合格证明的材料、工程设备,但经检测证明该项材料、工程设备符合合同约定的质量标准,发包人应承担由此增加的费用和(或)工期延误,并向承包人支付合理利润。

四、计价风险

(1)建设工程发承包必须在招标文件、合同中明确计价中的风险内容及其范围,不得采用无限风险、所有风险或类似语句规定计价中的风险内容及范围。

风险是一种客观存在的、会带来损失的、不确定的状态。它具有客观性、损失性、不确定性的特点,并且风险始终是与损失相联系的。工程施工发包是一种期货交易行为,工程建设本身又具有单件性和建设周期长的特点。在工程施工过程中影响工程施工及工程造价的风险因素很多,但并非所有的风险都是承包人能预测、能控制和应承担其造成的损失。

工程施工招标发包是工程建设交易方式之一,一个成熟的建设市场应是一个体现交易公平性的市场。在工程建设施工发包中实行风险共担和合理分摊原则是实现建设市场交易公平性的具体体现,是维护建设市场正常秩序的措施之一。其具体体现则是应在招标文件或合同中对发、承包双方各自应承担的风险内容及其风险范围或幅度进行界定和明确,而不能要求承包人承担所有风险或无限度风险。

根据我国工程建设特点,投标人应完全承担的风险是技术风险和管理风险,如管理费和利润;应有限度承担的是市场风险,如材料价格、施工机械使用费等的风险;应完全不承担的是法律、法规、规章和政策变化的风险。

(2)由于下列因素出现影响合同价款调整的,应由发包人承担:

1)由于国家法律、法规、规章或有关政策出台导致工程税金、规费等发生变化的。

2)对于根据我国目前工程建设的实际情况,各省、自治区、直辖市建设行政主管部门均根据当地人力资源和社会保障行政主管部门的有关规定发布人工成本信息或人工费调整,对此关系职工切身利益的人工费进行调整的,但承包人对人工费或人工单价的报价高于发布的除外。

3)按照《中华人民共和国合同法》第63条规定:"执行政府定价或者政府指导价的,在合同约定的交付期限内价格调整时,按照交付的价格计价。逾期交付标的物的,遇价格上涨时,按照原价格执行;价格下降时,按照新价格执行。逾期提取标的物或者逾期付款的,遇价格上涨时,按照新价格执行;价格下降时,按照原价格执行。"因此,对政府定价或政府指导价管理的原材料价格按照相关文件规定进行合同价款调整。因承包人原因导致工期延误的,应按本书后叙"合同价款调整"中"法律法规变化"和"物价变化"中的有关规定进行处理。

(3)对于主要由市场价格波动导致的价格风险,如工程造价中的建筑材料、燃料等价格风险,应由发承包双方合理分摊,并按规定填写《承包人提供主要材料和工程设备一览表》作为合同附件;当合同中没有约定,发承包双方发生争议时,应按"13计价规范"的相关规定调整合同价款。"13计价规范"中提出承包人所承担的材料价格的风险宜控制在5%以内,施工机械使用费的风险可控制在10%以内,超过者予以调整。

(4)由于承包人使用机械设备、施工技术以及组织管理水平等自身原因造成施工费用增加的,应由承包人全部承担。

(5)当不可抗力发生,影响合同价款时,应按本书后叙"合同价款调整"中"不可抗力"的相关规定处理。

第三节　建筑安装工程费用项目组成及计算方法

一、按照费用构成要素划分

建筑安装工程费按费用构成要素划分,由人工费、材料(包含工程设备,下同)费、施工机具使用费、企业管理费、利润、规费和税金组成。

其中,人工费、材料费、施工机具使用费、企业管理费和利润包含在分部分项工程费、措施项目费、其他项目费中。如图 1-1 所示。

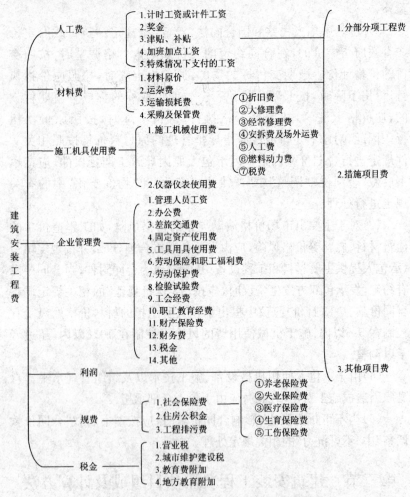

图 1-1　建筑安装工程费用项目组成表(按费用构成要素划分)

1. 人工费

人工费是指按工资总额构成规定,支付给从事建筑安装工程施工的生产工人和附属生产单位工人的各项费用。内容包括：

(1) 计时工资或计件工资：指按计时工资标准和工作时间或对已做工作按计件单价支付给个人的劳动报酬。

(2) 奖金：指对超额劳动和增收节支支付给个人的劳动报酬。如节约奖、劳动竞赛奖等。

(3) 津贴补贴：指为了补偿职工特殊或额外的劳动消耗和因其他特殊原因支付给个人的津贴，以及为了保证职工工资水平不受物价影响支付给个人的物价补贴。如流动施工津贴、特殊地区施工津贴、高温(寒)作业临时津贴、高空津贴等。

(4) 加班加点工资：指按规定支付的在法定节假日工作的加班工资和在法定日工作时间外延时工作的加点工资。

(5) 特殊情况下支付的工资：指根据国家法律、法规和政策规定，因病、工伤、产假、计划生育假、婚丧假、事假、探亲假、定期休假、停工学习、执行国家或社会义务等原因按计时工资标准或计时工资标准的一定比例支付的工资。

2. 材料费

材料费是指施工过程中耗费的原材料、辅助材料、构配件、零件、半成品或成品、工程设备的费用。内容包括：

(1) 材料原价：指材料、工程设备的出厂价格或商家供应价格。

(2) 运杂费：指材料、工程设备自来源地运至工地仓库或指定堆放地点所发生的全部费用。

(3) 运输损耗费：指材料在运输装卸过程中不可避免的损耗。

(4) 采购及保管费：指为组织采购、供应和保管材料、工程设备的过程中所需要的各项费用。包括采购费、仓储费、工地保管费、仓储损耗。

工程设备是指构成或计划构成永久工程一部分的机电设备、金属结构设备、仪器装置及其他类似的设备和装置。

3. 施工机具使用费

施工机具使用费是指施工作业所发生的施工机械、仪器仪表使用费或其租赁费。

(1)施工机械使用费:以施工机械台班耗用量乘以施工机械台班单价表示,施工机械台班单价应由下列七项费用组成:

1)折旧费:指施工机械在规定的使用年限内,陆续收回其原值的费用。

2)大修理费:指施工机械按规定的大修理间隔台班进行必要的大修理,以恢复其正常功能所需的费用。

3)经常修理费:指施工机械除大修理以外的各级保养和临时故障排除所需的费用。包括为保障机械正常运转所需替换设备与随机配备工具附具的摊销和维护费用,机械运转中日常保养所需润滑与擦拭的材料费用及机械停滞期间的维护和保养费用等。

4)安拆费及场外运费:安拆费是指施工机械(大型机械除外)在现场进行安装与拆卸所需的人工、材料、机械和试运转费用以及机械辅助设施的折旧、搭设、拆除等费用;场外运费是指施工机械整体或分体自停放地点运至施工现场或由一施工地点运至另一施工地点的运输、装卸、辅助材料及架线等费用。

5)人工费:指机上司机(司炉)和其他操作人员的人工费。

6)燃料动力费:指施工机械在运转作业中所消耗的各种燃料及水、电等。

7)税费:指施工机械按照国家规定应缴纳的车船使用税、保险费及年检费等。

(2)仪器仪表使用费:指工程施工所需使用的仪器仪表的摊销及维修费用。

4. 企业管理费

企业管理费是指建筑安装企业组织施工生产和经营管理所需的费用。内容包括:

(1)管理人员工资:指按规定支付给管理人员的计时工资、奖金、津贴补贴、加班加点工资及特殊情况下支付的工资等。

(2)办公费:指企业管理办公用的文具、纸张、账表、印刷、邮电、书报、办公软件、现场监控、会议、水电、烧水和集体取暖降温(包括现场临时宿舍取暖降温)等费用。

(3)差旅交通费:指职工因公出差、调动工作的差旅费、住勤补助费,市内交通费和误餐补助费,职工探亲路费,劳动力招募费,职工退休、退职一次性路费,工伤人员就医路费,工地转移费以及管理部门使用的交通工具的油料、燃料等费用。

(4)固定资产使用费:指管理和试验部门及附属生产单位使用的属于固定资产的房屋、设备、仪器等的折旧、大修、维修或租赁费。

(5)工具用具使用费:指企业施工生产和管理使用的不属于固定资产的工具、器具、家具、交通工具和检验、试验、测绘、消防用具等的购置、维修和摊销费。

(6)劳动保险和职工福利费:指由企业支付的职工退职金、按规定支付给离休干部的经费,集体福利费、夏季防暑降温、冬季取暖补贴、上下班交通补贴等。

(7)劳动保护费:指企业按规定发放的劳动保护用品的支出。如工作服、手套、防暑降温饮料以及在有碍身体健康的环境中施工的保健费用等。

(8)检验试验费:指施工企业按照有关标准规定,对建筑以及材料、构件和建筑安装物进行一般鉴定、检查所发生的费用,包括自设试验室进行试验所耗用的材料等费用。不包括新结构、新材料的试验费,对构件做破坏性试验及其他特殊要求检验试验的费用和建设单位委托检测机构进行检测的费用,对此类检测发生的费用,由建设单位在工程建设其他费用中列支。但对施工企业提供的具有合格证明的材料进行检测不合格的,该检测费用由施工企业支付。

(9)工会经费:指企业按《工会法》规定的全部职工工资总额比例计提的工会经费。

(10)职工教育经费:指按职工工资总额的规定比例计提,企业为职工进行专业技术和职业技能培训,专业技术人员继续教育、职工职业技能鉴定、职业资格认定以及根据需要对职工进行各类文化教育所发生的费用。

(11)财产保险费:指施工管理用财产、车辆等的保险费用。

(12)财务费:指企业为施工生产筹集资金或提供预付款担保、履约担保、职工工资支付担保等所发生的各种费用。

(13)税金:指企业按规定缴纳的房产税、车船使用税、土地使用税、印花税等。

(14)其他:包括技术转让费、技术开发费、投标费、业务招待费、绿化费、广告费、公证费、法律顾问费、审计费、咨询费、保险费等。

5. 利润

利润是指施工企业完成所承包工程获得的盈利。

6. 规费

规费是指国家税法规定的应计入建筑安装工程造价内的营业税、城市维护建设税、教育费附加以及地方教育附加。内容包括:

(1)社会保险费

1)养老保险费:指企业按照规定标准为职工缴纳的基本养老保险费。

2)失业保险费:指企业按照规定标准为职工缴纳的失业保险费。

3)医疗保险费:指企业按照规定标准为职工缴纳的基本医疗保险费。

4)生育保险费:指企业按照规定标准为职工缴纳的生育保险费。

5)工伤保险费:指企业按照规定标准为职工缴纳的工伤保险费。

(2)住房公积金:指企业按规定标准为职工缴纳的住房公积金。

(3)工程排污费:指按规定缴纳的施工现场工程排污费。

其他应列而未列入的规费,按实际发生计取。

7. 税金

税金是指按国家法律、法规规定,由省级政府和省级有关权力部门规定必须缴纳或计取的费用。

二、按照工程造价形成划分

建筑安装工程费按工程造价形成划分,由分部分项工程费、措施项目费、其他项目费、规费、税金组成。其中,分部分项工程费、措施项目费、其他项目费包含人工费、材料费、施工机具使用费、企业管理费和利润。如图1-2所示。

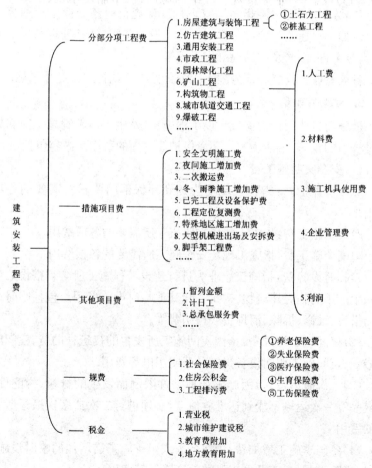

图1-2 建筑安装工程费用项目组成表(按工程造价形成划分)

1. 分部分项工程费

分部分项工程费指各专业工程的分部分项工程应予列支的各项费用。

(1)专业工程:指按国家现行计量规范划分的房屋建筑与装饰工程、仿古建筑工程、通用安装工程、市政工程、园林绿化工程、矿山工程、构筑物工程、城市轨道交通工程、爆破工程等各类工程。

(2)分部分项工程:指按国家现行计量规范对各专业工程划分的项目。如房屋建筑与装饰工程划分的土石方工程、地基处理与桩基工程、砌筑工程、钢筋及钢筋混凝土工程等。

各类专业工程的分部分项工程划分见国家现行或行业计量规范。

2. 措施项目费

措施项目费是指为完成建设工程施工,发生于该工程施工前和施工过程中的技术、生活、安全、环境保护等方面的费用。内容包括:

(1)安全文明施工费

1)环境保护费:指施工现场为达到环保部门要求所需要的各项费用。

2)文明施工费:指施工现场文明施工所需要的各项费用。

3)安全施工费:指施工现场安全施工所需要的各项费用。

4)临时设施费:指施工企业为进行建设工程施工所必须搭设的生活和生产用的临时建筑物、构筑物和其他临时设施费用。包括临时设施的搭设、维修、拆除、清理费或摊销费等。

(2)夜间施工增加费:指因夜间施工所发生的夜班补助费、夜间施工降效、夜间施工照明设备摊销及照明用电等费用。

(3)二次搬运费:指因施工场地条件限制而发生的材料、构配件、半成品等一次运输不能到达堆放地点,必须进行二次或多次搬运所发生的费用。

(4)冬雨季施工增加费:指在冬季或雨季施工需增加的临时设施、防滑、排除雨雪,人工及施工机械效率降低等费用。

(5)已完工程及设备保护费:指竣工验收前,对已完工程及设备采取的必要保护措施所发生的费用。

(6)工程定位复测费:指工程施工过程中进行全部施工测量放线和复测工作的费用。

(7)特殊地区施工增加费:指工程在沙漠或其边缘地区、高海拔、高寒、原始森林等特殊地区施工增加的费用。

(8)大型机械设备进出场及安拆费:指机械整体或分体自停放场地运至施工现场或由一个施工地点运至另一个施工地点,所发生的机械进出场运输及转移费用及机械在施工现场进行安装、拆卸所需的人工费、材料费、机械费、试运转费和安装所需的辅助设施的费用。

(9)脚手架工程费:指施工需要的各种脚手架搭、拆、运输费用以及脚手架购置费的摊销(或租赁)费用。

措施项目及其包含的内容详见各类专业工程的国家现行或行业计量规范。

3. 其他项目费

(1)暂列金额:指建设单位在工程量清单中暂定并包括在工程合同价款中的一笔款项。用于施工合同签订时尚未确定或者不可预见的所需材料、工程设备、服务的采购,施工中可能发生的工程变更、合同约定调整因素出现时的工程价款调整以及发生的索赔、现场签证确认等的费用。

(2)计日工:指在施工过程中,施工企业完成建设单位提出的施工图纸以外的零星项目或工作所需的费用。

(3)总承包服务费:指总承包人为配合、协调建设单位进行的专业工程发包,对建设单位自行采购的材料、工程设备等进行保管以及施工现场管理、竣工资料汇总整理等服务所需的费用。

4. 规费

规费是指按国家法律、法规规定,由省级政府和省级有关权力部门规定必须缴纳或计取的费用。内容包括:

(1)社会保险费

1)养老保险费:指企业按照规定标准为职工缴纳的基本养老保险费。

2)失业保险费:指企业按照规定标准为职工缴纳的失业保险费。

3)医疗保险费:指企业按照规定标准为职工缴纳的基本医疗保险费。

4)生育保险费:指企业按照规定标准为职工缴纳的生育保险费。

5)工伤保险费:指企业按照规定标准为职工缴纳的工伤保险费。

(2)住房公积金:指企业按规定标准为职工缴纳的住房公积金。

(3)工程排污费:指按规定缴纳的施工现场工程排污费。

其他应列而未列入的规费,按实际发生计取。

5. 税金

税金是指国家税法规定的应计入建筑安装工程造价内的营业税、城市维护建设税、教育费附加以及地方教育附加。

三、各费用构成要素参考计算方法

1. 人工费

(1)公式1:

$$人工费 = \sum (工日消耗量 \times 日工资单价)$$

$$日工资单价 = \frac{生产工人平均月工资(计时计件) + 平均月(奖金+津贴补贴+特殊情况下支付的工资)}{年平均每月法定工作日}$$

注:公式1主要适用于施工企业投标报价时自主确定人工费,也是工程造价管理机构编制计价定额确定定额人工单价或发布人工成本信息的参考依据。

(2)公式2:

$$人工费 = \sum (工程工日消耗量 \times 日工资单价)$$

日工资单价是指施工企业平均技术熟练程度的生产工人在每工作日(国家法定工作时间内)按规定从事施工作业应得的日工资总额。

工程造价管理机构确定日工资单价应通过市场调查、根据工程项目的技术要求,参考实物工程量人工单价综合分析确定,最低日工资单价不得低于工程所在地人力资源和社会保障部门所发布的最低工资标准的:普工的 1.3 倍、一般技工的 2 倍、高级技工的 3 倍。

工程计价定额不可只列一个综合工日单价,应根据工程项目技术要求和工种差别适当划分多种日人工单价,确保各分部工程人工费的合理构成。

注:公式 2 适用于工程造价管理机构编制计价定额时确定定额人工费,是施工企业投标报价的参考依据。

2. 材料费

(1)材料费

$$材料费 = \sum (材料消耗量 \times 材料单价)$$

材料单价=[(材料原价+运杂费)×[1+运输损耗率(%)]]×
[1+采购保管费率(%)]

(2)工程设备费

$$工程设备费 = \sum (工程设备量 \times 工程设备单价)$$

工程设备单价=(设备原价+运杂费)×[1+采购保管费率(%)]

3. 施工机具使用费

(1)施工机械使用费

$$施工机械使用费 = \sum (施工机械台班消耗量 \times 机械台班单价)$$

机械台班单价=台班折旧费+台班大修费+台班经常修理费+
台班安拆费及场外运费+台班人工费+台班燃
料动力费+台班车船税费

注:工程造价管理机构在确定计价定额中的施工机械使用费时,应根据《建筑施工机械台班费用计算规则》结合市场调查编制施工机械台班单价。施工企业可以参考工程造价管理机构发布的台班单价,自主确定施工机械使用费的报价,如租赁施工机械,公式为:

施工机械使用费 = $\sum$（施工机械台班消耗量×机械台班租赁单价）

(2) 仪器仪表使用费

仪器仪表使用费＝工程使用的仪器仪表摊销费＋维修费

4. 企业管理费费率

(1) 以分部分项工程费为计算基础：

企业管理费费率(%) = $\dfrac{\text{生产工人年平均管理费}}{\text{年有效施工天数×人工单价}}\times$ 人工费占分部分项工程费比例(%)

(2) 以人工费和机械费合计为计算基础：

企业管理费费率(%) = $\dfrac{\text{生产工人年平均管理费}}{\text{年有效施工天数}\times\left(\text{人工单价}+\text{每一工日机械使用费}\right)}\times 100\%$

(3) 以人工费为计算基础：

企业管理费费率(%) = $\dfrac{\text{生产工人年平均管理费}}{\text{年有效施工天数×人工单价}}\times 100\%$

注：上述公式适用于施工企业投标报价时自主确定管理费，是工程造价管理机构编制计价定额确定企业管理费的参考依据。

工程造价管理机构在确定计价定额中企业管理费时，应以定额人工费或（定额人工费＋定额机械费）作为计算基数，其费率根据历年工程造价积累的资料，辅以调查数据确定，列入分部分项工程和措施项目中。

5. 利润

(1) 施工企业根据企业自身需求并结合建筑市场实际自主确定，列入报价中。

(2) 工程造价管理机构在确定计价定额中利润时，应以定额人工费或（定额人工费＋定额机械费）作为计算基数，其费率根据历年工程造价积累的资料，并结合建筑市场实际确定，以单位（单项）工程测算，利润在税前建筑安装工程费的比重可按不低于5%且不高于7%的费率计算。利润应列入分部分项工程和措施项目中。

6. 规费

(1) 社会保险费和住房公积金

社会保险费和住房公积金应以定额人工费为计算基础,根据工程所在地省、自治区、直辖市或行业建设主管部门规定费率计算。

社会保险费和住房公积金 = $\sum$(工程定额人工费×社会保险费和住房公积金费率)

式中:社会保险费和住房公积金费率可以每万元发承包价的生产工人人工费和管理人员工资含量与工程所在地规定的缴纳标准综合分析取定。

(2) 工程排污费

工程排污费等其他应列而未列入的规费应按工程所在地环境保护等部门规定的标准缴纳,按实计取列入。

7. 税金

税金计算公式如下:

$$税金 = 税前造价 \times 综合税率(\%)$$

综合税率:

(1) 纳税地点在市区的企业

$$综合税率(\%) = \frac{1}{1-3\%-(3\%\times7\%)-(3\%\times3\%)-(3\%\times2\%)} - 1$$

(2) 纳税地点在县城、镇的企业

$$综合税率(\%) = \frac{1}{1-3\%-(3\%\times5\%)-(3\%\times3\%)-(3\%\times2\%)} - 1$$

(3) 纳税地点不在市区、县城、镇的企业

$$综合税率(\%) = \frac{1}{1-3\%-(3\%\times1\%)-(3\%\times3\%)-(3\%\times2\%)} - 1$$

(4) 实行营业税改增值税的,按纳税地点现行税率计算。

四、建筑安装工程计价参考公式

1. 分部分项工程费

分部分项工程费 = $\sum$(分部分项工程量×综合单价)

式中:综合单价包括人工费、材料费、施工机具使用费、企业管理费和利润以及一定范围的风险费用(下同)。

2. 措施项目费

(1)国家计量规范规定应予计量的措施项目,其计算公式如下:

$$措施项目费 = \sum (措施项目工程量 \times 综合单价)$$

(2)国家计量规范规定不宜计量的措施项目计算方法如下:

1)安全文明施工费

安全文明施工费=计算基数×安全文明施工费费率(%)

计算基数应为定额基价(定额分部分项工程费+定额中可以计量的措施项目费)、定额人工费或(定额人工费+定额机械费),其费率由工程造价管理机构根据各专业工程的特点综合确定。

2)夜间施工增加费

夜间施工增加费=计算基数×夜间施工增加费费率(%)

3)二次搬运费

二次搬运费=计算基数×二次搬运费费率(%)

4)冬雨季施工增加费

冬雨季施工增加费=计算基数×冬雨季施工增加费费率(%)

5)已完工程及设备保护费

$$已完工程及设备保护费 = 计算基数 \times 已完工程及设备保护费费率(\%)$$

上述2)~5)项措施项目的计费基数应为定额人工费或(定额人工费+定额机械费),其费率由工程造价管理机构根据各专业工程特点和调查资料综合分析后确定。

3. 其他项目费

(1)暂列金额由建设单位根据工程特点,按有关计价规定估算,施工过程中由建设单位掌握使用、扣除合同价款调整后如有余额,归建设单位。

(2)计日工由建设单位和施工企业按施工过程中的签证计价。

(3)总承包服务费由建设单位在招标控制价中根据总包服务范围

和有关计价规定编制,施工企业投标时自主报价,施工过程中按签约合同价执行。

4. 规费和税金

建设单位和施工企业均应按照省、自治区、直辖市或行业建设主管部门发布标准计算规费和税金,不得作为竞争性费用。

5. 问题的说明

(1)各专业工程计价定额的编制及其计价程序,均按本通知实施。

(2)各专业工程计价定额的使用周期原则上为 5 年。

(3)工程造价管理机构在定额使用周期内,应及时发布人工、材料、机械台班价格信息,实行工程造价动态管理,如遇国家法律、法规、规章或相关政策变化以及建筑市场物价波动较大时,应适时调整定额人工费、定额机械费以及定额基价或规费费率,使建筑安装工程费能实际反映建筑市场。

(4)建设单位在编制招标控制价时,应按照各专业工程的计量规范和计价定额以及工程造价信息编制。

(5)施工企业在使用计价定额时除不可竞争费用外,其余仅作参考,由施工企业投标时自主报价。

五、建筑安装工程计价程序

1. 建设单位工程招标控制价计价程序

表 1-1　　　　　　　建设单位工程招标控制价计价程序

工程名称:　　　　　　　　　　标段:

序号	内　容	计算方法	金额(元)
1	分部分项工程费	按计价规定计算	
1.1			
1.2			
1.3			

续表

序号	内容	计算方法	金额(元)
1.4			
1.5			
2	措施项目费	按计价规定计算	
2.1	其中:安全文明施工费	按规定标准计算	
3	其他项目费		
3.1	其中:暂列金额	按计价规定估算	
3.2	其中:专业工程暂估价	按计价规定估算	
3.3	其中:计日工	按计价规定估算	
3.4	其中:总承包服务费	按计价规定估算	
4	规费	按规定标准计算	
5	税金(扣除不列入计税范围的工程设备金额)	(1+2+3+4)×规定税率	

招标控制价合计=1+2+3+4+5

2. 施工企业工程投标报价计价程序

表 1-2　　　　　　施工企业工程投标报价计价程序

工程名称：　　　　　　　　　标段：

序号	内容	计算方法	金额(元)
1	分部分项工程费	自主报价	
1.1			
1.2			
1.3			
1.4			
1.5			
2	措施项目费	自主报价	
2.1	其中:安全文明施工费	按规定标准计算	
3	其他项目费		
3.1	其中:暂列金额	按招标文件提供金额计列	
3.2	其中:专业工程暂估价	按招标文件提供金额计列	
3.3	其中:计日工	自主报价	
3.4	其中:总承包服务费	自主报价	

续表

序号	内容	计算方法	金额(元)
4	规费	按规定标准计算	
5	税金(扣除不列入计税范围的工程设备金额)	(1+2+3+4)×规定税率	

投标报价合计=1+2+3+4+5

3. 竣工结算计价程序

表 1-3　　　　　　　　竣工结算计价程序

工程名称：　　　　　　　　标段：

序号	汇总内容	计算方法	金额(元)
1	分部分项工程费	按合同约定计算	
1.1			
1.2			
1.3			
1.4			
1.5			
2	措施项目	按合同约定计算	

续表

序号	汇总内容	计算方法	金额(元)
2.1	其中:安全文明施工费	按规定标准计算	
3	其他项目		
3.1	其中:专业工程结算价	按合同约定计算	
3.2	其中:计日工	按计日工签证计算	
3.3	其中:总承包服务费	按合同约定计算	
3.4	索赔与现场签证	按发承包双方确认数额计算	
4	规费	按规定标准计算	
5	税金(扣除不列入计税范围的工程设备金额)	(1+2+3+4)×规定税率	
竣工结算总价合计=1+2+3+4+5			

第二章 清单计价模式下的园林工程招标

第一节 工程项目招标

一、建设项目招标概述

(一)招标的概念

招标是指招标人事前公布工程、货物或服务等发包业务的相关条件和要求,通过发布广告或发出邀请函等形式,召集自愿参加的竞争者投标,并根据事前规定的评选办法选定承包人的市场交易活动。在建筑工程施工招标中,招标人要根据投标人的投标报价、施工方案、技术措施、人员素质、工程经验、财务状况及企业信誉等方面进行综合评价,择优选择承包人,并与之签订合同。

(二)工程项目招标的条件

工程项目招标必须符合主管部门规定的条件,包括招标人即建设单位应具备的条件和招标的工程项目应具备的条件。

1. 建设单位招标应具备的条件

(1)招标单位是法人或依法成立的其他组织。
(2)有与招标工程相适应的经济、技术、管理人员。
(3)有组织招标文件的能力。
(4)有审查投标单位资质的能力。
(5)有组织开标、评标、定标的能力。

不具备上述(2)~(5)项条件的,须委托具有相应资质的咨询、监理等单位代理招标。上述五条中,(1)、(2)两条是对招标单位资格的规定,后三条则是对招标人能力的要求。

2. 招标的工程项目应具备的条件

(1)概算已经批准。

(2)建设项目已经正式列入国家、部门或地方的年度固定资产投资计划。

(3)建设用地的征用工作已经完成。

(4)有能够满足施工需要的施工图纸及技术资料。

(5)建设资金和主要建筑材料、设备的来源已经落实。

(6)已经得到建设项目所在地规划部门的批准,施工现场"三通一平"已经完成或一并列入施工招标范围。

当然,对于不同性质的工程项目,招标的条件可能有所不同或有所偏重。比如,建设工程勘察设计招标的条件,一般应主要侧重于:

(1)设计任务书或可行性研究报告已获批准。

(2)具有设计所必需的可靠的基础资料。

建设工程施工招标的条件,一般应主要侧重于:

(1)建设工程已列入年度投资计划。

(2)建设资金(含自筹资金)已按规定存入银行。

(3)施工前期工作已基本完成。

(4)有持证设计单位设计的施工图纸和有关设计文件。

建设监理招标的条件,一般应主要侧重于:

(1)设计任务书或初步设计已获批准。

(2)工程建设的主要技术工艺要求已确定。

建设工程材料设备供应招标的条件,一般应主要侧重于:

(1)建设项目已列入年度投资计划。

(2)建设资金(含自筹资金)已按规定存入银行。

(3)具有已批准的初步设计或施工图设计所附的设备清单,专用、非标设备应有设计图纸、技术资料等。

建设工程总承包招标的条件,一般应主要侧重于:

(1)计划文件或设计任务书已获批准。

(2)建设资金和地点已经落实。

从实践来看,人们常常希望招标能担当起对工程建设实施的把关作用,因而赋予其很多前提性条件,这是可以理解的,在一定时期内也是有道理的。但其实招标投标的使命只是或主要是解决一个工程任务如何分派、承接的问题。从这个意义上来说,只要建设项目的各项工程任务合法有效地确立了,并已具备了实施项目的基本条件,就可以对其进行招标投标。所以,对建设工程招标的条件不宜赋予太多。事实上赋予太多,不堪重负,也难以做到。根据实践经验,对建设工程招标的条件,最基本、最关键的是要把握住两条:一是建设项目已合法成立,办理了报建登记,招标项目按照国家有关规定需要履行项目审批手续的,应当先履行审批手续,取得批准;二是建设资金已基本落实,工程任务承接者确定后能实际开展动作。

(三)工程项目招标的范围

工程项目招标可以是全过程招标,其工作内容可包括可行性研究、勘察设计、物资供应、建筑安装施工乃至使用后的维修;也可以是阶段性建设任务的招标,如勘察设计、项目施工。可以是整个项目发包,也可以是单项工程发包。在施工阶段,还可依承包内容的不同,分为包工包料、包工部分包料、包工不包料。进行工程招标时,业主必须根据工程项目的特点,结合自身的管理能力,确定工程的招标范围。

1. 必须进行招标的项目范围

根据《招标投标法》的规定,在中华人民共和国境内进行的下列工程项目必须进行招标:

(1)大型基础设施、公用事业等关系社会公共利益、公众安全的项目。

(2)全部或者部分使用国有资金或者国家融资的项目。

(3)使用国际组织或者外国政府贷款、援助资金的项目。

2. 可以不进行招标的项目范围

按照《招标投标法》和有关规定,属于下列情形之一的,经县级以上地方人民政府建设行政主管部门批准,可以不进行招标:

(1)涉及国家安全、国家秘密的工程。
(2)抢险救灾工程。
(3)利用扶贫资金实行以工代赈、需要使用农民工等特殊情况的工程。
(4)建筑造型有特殊要求的设计。
(5)采用特定专利技术、专有技术进行设计或施工。
(6)停建或者缓建后恢复建设的单位工程,且承包人未发生变更的。
(7)施工企业自建自用的工程,且施工企业资质等级符合工程要求的。
(8)在建工程追加的附属小型工程或者主体加层工程,且承包人未发生变更的。
(9)法律、法规、规章规定的其他情形。

二、工程项目招标方式与程序

(一)工程项目招标方式

1. 公开招标

公开招标又称为无限竞争招标,是指由招标人以招标公告的方式邀请不特定的法人或者其他组织投标,并通过国家指定的报刊、广播、电视及信息网络等媒介发布招标公告,有意的投标人接受资格预审、购买招标文件,参加投标的招标方式。

2. 邀请招标

邀请招标又称为有限竞争性招标,是指招标人以投标邀请书的方式邀请特定的法人或其他组织投标。这种方式不发布公告,招标人根据自己的经验和所掌握的各种信息资料,向具备承接该项工程施工能力、资信良好的三个以上承包人发出投标邀请书,收到邀请书的单位参加投标。由于投标人的数量是招标人确定的,有限制,所以又将其称之为"有限竞争性招标"。招标人采用邀请招标方式时,特邀的投标人必须能胜任招标工程项目的实施任务。

邀请招标中所选投标人应具备以下条件：
(1)投标人当前和过去的财务状况均良好。
(2)投标人近期内成功地承包过与招标工程类似的项目，有较丰富的经验。
(3)投标人有较好的信誉。
(4)投标人的技术装备、劳动力素质、管理水平等均符合招标工程的要求。
(5)投标人在施工期内有足够的能力承担招标工程的任务。

总之，被邀请的投标人必须具有经济实力、信誉实力、技术实力、管理实力，能胜任招标工程。

3. 协议招标

协议招标又称为非竞争性招标、指定性招标、议标、谈判招标，是招标人邀请不少于两家(含两家)的承包人，通过直接协商谈判，选择承包人的招标方式。

业主不必发布招标公告，直接选择有能力承担建设工程项目的企业投标，实质上是更小范围的邀请招标。首先，招标人选定某几个工程承包人进行谈判，双方可以相互协商，投标人通过修改标价与招标人取得一致，业主通常采取多角协商、货比三家的原则，择优选择投标人，商定工程价款，签订工程承包合同。实质是一种谈判合同，是一般意义上的建设工程承发包。议标接近传统的商务方式，是招标方式与传统商务方式的结合，兼顾两者的优点，既节省了时间和招标成本，又可以获取有竞争力的标价。议标必须经过三个基本阶段：第一是报价阶段，第二是比较阶段，第三是评定阶段。采用单项议标的方法也比较多见，如小型改造维修工程。国家对不宜公开招标或邀请招标的特殊工程，应报主管机构，经批准后可以议标。议标在我国新兴的建设工程招标中还有用武之地，尤其是针对广大的中小房地产开发商，议标为建设工程招标投标事业在我国的发展壮大起到了先锋作用。因此，如何规范和完善议标的法律地位，是一个值得研究的问题。

议标方式不是法定的招标形式,招标投标法也未进行规范。但议标方式不同于直接发包。从形式上看,直接发包没有"标",而议标是有"标"的。议标的招标人事先须编制议标招标文件,有时还要有标底,议标的投标人必须有议标投标文件。议标方式还是在一定范围内存在,各地的招标投标管理机构把议标纳入管理范围。依法必须招标的建设项目,采用议标方式招标必须经招标投标管理机构审批。议标的文件、程序和中标结果也须经招标投标管理机构审查。

4. 综合性招标

综合性招标是指招标人将公开招标和邀请招标相结合(有时将技术标和商务标分成两个阶段评选)的方式。首先进行公开招标,开标后(有时先评技术标),按照一定的标准,淘汰其中不合格的投标人,选出若干家合格的投标人(一般选三四家),再进行邀请招标(有时只评选商务标)。通过对被邀请投标人投标书的评价,最后决定中标人。如果同时投技术标和商务标,须将两者分开密封包装,先评审技术标,再评技术标合格的投标人的商务标,在公开招标和邀请招标中可分别或组合进行。综合性招标有时相当于传统招标方法的两阶段招标法。

5. 两阶段招标

在招标中,常采用两阶段招标方式。两阶段招标,是指在工程招标投标时将技术标和商务标分阶段评选,先评技术标,被选中技术标的单位,才有权参加商务标的竞争,如同时投技术标、商务标的,也须将两者分开密封包装。先开、先评技术标,经评标淘汰其中技术标不合格的投标人,然后再由技术标通过的投标人投商务标,或再开、再评技术标通过的投标人的商务标。两阶段招标不是一种独立的招标方式,既可用在公开招标中,也可用在邀请招标中。

(二)工程施工招标程序

《招标投标法》规定的招标投标的程序为招标、投标、开标、评标、定标和订立合同六个程序。建设工程招标过程参照国际招标投标惯例,整个招标程序划分为招标的准备、招标的实施和定标签约三个阶段。招标准备阶段的主要工作是办理工程报建手续、落实所需的资金、选择招标方式、编制招标有关文件和招标控制价、办理招标备案等。招标实施阶段的工作包括发布招标公告或发出投标邀请书、资格预审、发放招标文件、踏勘现场、标前会议和接收投标文件等。定标签约阶段的工作是开标、评标、定标和签订合同。

依法必须进行施工招标的工程,一般应遵循下列程序:

(1)招标单位自行办理招标事宜的,应当建立专门的招标工作机构。

(2)招标单位在发布招标公告或发出投标邀请书的前5天,向工程所在地县级以上地方人民政府建设行政主管部门备案。

(3)准备招标文件和招标控制价,报建设行政主管部门审核或备案。

(4)发布招标公告或发出投标邀请书。

(5)投标单位申请投标。

(6)招标单位审查申请投标单位的资格,并将审查结果通知申请投标单位。

(7)向合格的投标单位分发招标文件。

(8)组织投标单位踏勘现场,召开答疑会,解答投标单位就招标文件提出的问题。

(9)建立评标组织,制定评标、定标办法。

(10)召开开标会,当场开标。

(11)组织评标,决定中标单位。

(12)发出中标和未中标通知书,收回发给未中标单位的图纸和技术资料,退还投标保证金或保函。

(13)招标单位与中标单位签订施工承包合同。工程施工公开招标的程序如图 2-1 所示。

第二章　清单计价模式下的园林工程招标

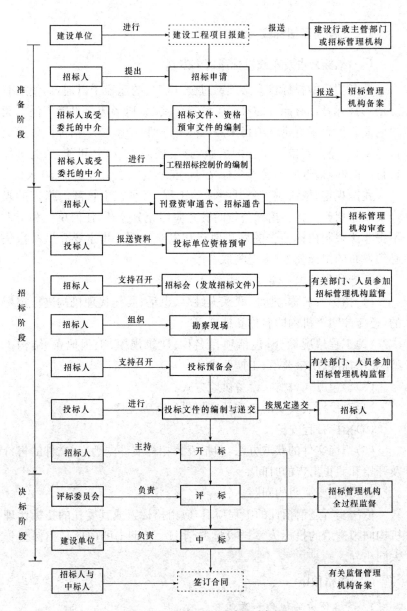

图 2-1　工程施工公开招标程序框图

三、工程项目招标实务

(一)招标公告发布或投标邀请书发送

公开招标的投标机会必须通过公开广告的途径予以通告,使所有合格的投标者都有同等的机会了解投标要求,以形成尽可能广泛的竞争局面。世界银行贷款项目采用国际竞争性招标,要求招标广告送交世界银行,免费安排在联合国出版的《发展商务报》上刊登,送交世界银行的时间,最迟应不晚于招标文件将向投标人公开发售前60天。

我国规定,依法应当公开招标的工程,必须在主管部门指定的媒介上发布招标公告。招标公告的发布应当充分公开,任何单位和个人不得非法限制招标公告的发布地点和发布范围。指定媒介发布依法必须发布的招标公告,不得收取费用。

招标公告的内容主要包括:

(1)招标人名称、地址、联系人姓名、电话;委托代理机构进行招标的,还应注明该机构的名称和地址。

(2)工程情况简介,包括项目名称、建筑规模、工程地点、结构类型、装修标准、质量要求、工期要求。

(3)承包方式,材料、设备供应方式。

(4)对投标人资质的要求及应提供的有关文件。

(5)招标日程安排。

(6)招标文件的获取办法,包括发售招标文件的地点、文件的售价及开始和截止出售的时间。

(7)其他要说明的问题。

依法实行邀请招标的工程项目,应由招标人或其委托的招标代理机构向拟邀请的投标人发送投标邀请书。邀请书的内容与招标公告大同小异。

(二)资格预审

1. 资格预审的概念和意义

(1)资格预审的概念。资格预审是指招标人在招标开始前或者开始初期,由招标人对申请参加的投标人进行资格审查。认定合格后的潜在投标人,得以参加投标。一般来说,对于大中型建设项目、"交钥匙"项目和技术复杂的项目,资格预审程序是必不可少的。

(2)资格预审的意义。

1)招标人可以通过资格预审程序了解潜在投标人的资信情况。

2)资格预审可以降低招标人的采购成本,提高招标工作的效率。

3)通过资格预审,招标人可以了解到潜在的投标人对项目的招标有多大兴趣。如果潜在投标人的兴趣大大低于招标人的预料,招标人可以修改招标条款,以吸引更多的投标人参加投标。

4)资格预审可吸引实力雄厚的承包人或者供应商进行投标。而通过资格预审程序,不合格的承包人或者供应商便会被筛选掉。这样,真正有实力的承包人和供应商也愿意参加合格的投标人之间的竞争。

2. 资格预审的种类及程序

(1)资格预审的种类。资格预审可分为定期资格预审和临时资格预审。

1)定期资格预审。指在固定的时间内集中进行全面的资格预审。大多数国家的政府采购使用定期资格预审的办法,审查合格者被资格审查机构列入资格审查合格者名单。

2)临时资格预审。指招标人在招标开始之前或者开始之初,由招标人对申请参加投标的潜在投标人资质条件、业绩、信誉、技术、资金等方面的情况进行资格审查。

(2)资格预审的程序。资格预审主要包括三个程序:一是资格预审公告;二是编制、发出资格预审文件;三是对投标人资格的审查和确定合格者名单。

1)资格预审公告。资格预审公告是指招标人向潜在的投标人发出的参加资格预审的广泛邀请。该公告可以在购买资格预审文件前一周内至少刊登两次,也可以考虑通过规定的其他媒介发出资格预审公告。

2)发出资格预审文件。资格预审公告后,招标人向申请参加资格预审的申请人发放或者出售资格预审文件。资格预审文件通常由资格预审须知和资格预审表两部分组成。

①资格预审须知的内容一般为比招标广告更详细的工程概况说明;资格预审的强制性条件;发包的工作范围;申请人应提供的有关证明和材料;当为国际工程招标时,内容一般为对通过资格预审的国内投标者的优惠以及指导申请人正确填写资格预审表的有关说明等。

②资格预审表,是招标单位根据发包工作的内容、特点,需要对投标单位资质条件、实施能力、技术水平、商业信誉等方面的情况加以全面了解,以应答式表格形式给出的调查文件。资格预审表中开列的内容应能反映投标单位的综合素质。只要投标申请人通过了资格预审就说明他具备承担发包工作的资质和能力,凡资格预审中评定过的条件在评标的过程中就不再重新加以评定,因此资格预审文件中的审查内容要完整、全面,避免不具备条件的投标人承担项目的建设任务。

3)评审资格预审文件。对各申请投标人填报的资格预审文件评定,大多采用加权打分法。

①依据工程项目特点和发包工作的性质,划分出评审的几大方面,如资质条件、人员能力、设备和技术能力、财务状况、工程经验、企业信誉等,并分别给予不同的权重。

②对各方面再细划分评定内容和分项打分标准。

③按照规定的原则和方法逐个对资格预审文件进行评定和打分,确定各投标人的综合素质得分。为了避免投标人在资格预审表中出现言过其实的情况,必要时还可辅以对其已实施过的工程现场调查。

④确定投标人短名单。依据投标申请人的得分排序,以及预定的邀请投标人数目,从高分向低分录取。此时还需注意,若某一投标人的总分排在前几名之内,但某一方面的得分偏低较多,招标单位应考虑若他一旦中标后,实施过程中会有哪些风险,最终再确定他是否有资格进入短名单之内。对短名单之内的投标单位,招标单位分别发出投标邀请书,并请他们确认投标意向。如果某一通过资格预审的单位

又决定不再参加投标,招标单位应以得分排序的下一名投标单位递补。对没有通过资格预审的单位,招标单位也应发出相应通知,他们就无权再参加投标竞争。

(3)资格预审的评审方法。资格预审的评审标准必须考虑到评标的标准,一般凡属评标时考虑的因素,资格预审评审时可不必考虑。反过来,也不应该把资格预审中已包括的标准再列入评标的标准(对合同实施至关重要的技术性服务、工作人员的技术能力除外)。

资格预审的评审方法一般采用评分法。将预审应该考虑的各种因素分类,确定它们在评审中应占的比分。

一般申请人所得总分在 70 分以下,或其中有一项得分不足最高分的 50% 者,应视为不合格。各类因素的权重应根据项目性质以及它们在项目实施中的重要性而定。

评审时,在每一因素下面还可以进一步分若干参数,常用的参数如下:

1)组织及计划。
①总的项目实施方案。
②分包给分包商的计划。
③以往未能履约导致诉讼、损失赔偿及延长合同的情况。
④管理机构情况以及总部对现场实施指挥的情况。
2)人员。
①主要人员的经验和胜任的程度。
②专业人员胜任的程度。
3)主要施工设施及设备。
①适用性(型号、工作能力、数量)。
②已使用年份及状况。
③来源及获得该设施的可能性。
4)经验(过去 3 年)。
①技术方面的介绍。
②所完成相似工程的合同额。

③在相似条件下完成的合同额。
④每年工作量中作为承包人完成的百分比平均数。
5)财务状况。
①银行介绍的函件。
②保险公司介绍的函件。
③平均年营业额。
④流动资金。
⑤流动资产与目前负债的比值。
⑥过去 5 年中完成的合同总额。

资格预审的评审标准应视项目性质及具体情况而定。如财务状况中,为了说明申请人在实施合同期间现金流动的需要,也可以采用申请人能取得银行信贷额多少来代替流动资金或其他参数的办法。

(三)勘查现场

招标单位组织投标单位勘查现场的目的在于了解工程场地和周围环境情况,以获取投标单位认为有必要的信息。勘查现场一般安排在投标预备会的前 1~2 天。

投标单位在勘查现场中如有疑问,应在投标预备会前以书面形式向招标单位提出,但应给招标单位留有解答时间。

勘查现场主要涉及如下内容:
(1)施工现场是否达到招标文件规定的条件。
(2)施工现场的地理位置、地形和地貌。
(3)施工现场的地质、土质、地下水位、水文等情况。
(4)施工现场的气候条件,如气温、湿度、风力、年雨雪量等。
(5)现场环境,如交通、饮水、污水排放、生活用电、通信等。
(6)工程在施工现场的位置与布置。
(7)临时用地、临时设施搭建等。

(四)标前会议

标前会议是指在投标截止日期以前,按招标文件中规定的时间和地点,召开的解答投标人质疑的会议,又称交底会。在标前会议上,招标单位负责人除了向投标人介绍工程概况外,还可对招标文件中的某些内容加以修改(但须报请招标投标管理机构核准)或予以补充说明,并口头解答投标人书面提出的各种问题,以及会议上即席提出的有关问题。会议结束后,招标单位应将其口头解答的会议记录加以整理,用书面补充通知(又称"补遗")的形式发给每一位投标人。补充文件作为招标文件的组成部分,具有同等的法律效力,应在投标截止日期前一段时间发出,以便让投标者有时间做出反应。

标前会议主要议程如下:
(1)介绍参加会议的单位和主要人员。
(2)介绍问题解答人。
(3)解答投标单位提出的问题。
(4)通知有关事项。

在有的招标中,对于既不参加现场勘查,又不前往参加标前会议的投标人,可以认为他已中途退出,因而取消其投标的资格。

(五)开标、评标与定标

投标截止日期以后,业主应在投标的有效期内开标、评标、定标并签订合同。

投标有效期是指从投标截止之日起到公布中标之日止的一段时间。有效期的长短根据工程的大小、繁简而定。按照国际惯例,一般为 90~120 天,我国在施工招标管理办法中规定为 10~30 天,投标有效期是要保证招标单位有足够的时间对全部投标进行比较和评价。如世界银行贷款项目需考虑报世界银行审查和报送上级部门批准的时间。

投标有效期一般不应该延长,但在某些特殊情况下,招标单位要求延长投标有效期是可以的,但必须征得投标者的同意。投标者有权拒绝延长投标有效期,业主不能因此而没收其投标保证金。同意延长投标有效期的投标者不得要求在此期间修改其投标书,而且投标者必须同时相应延长其投标保证金的有效期,对于投标保证金的各有关规定在延长期内同样有效。

1. 开标

开标是指招标人将所有投标人的投标文件启封揭晓。我国《招标投标法》规定，开标应当在招标通告中约定的地点，招标文件确定的提交投标文件截止时间的同一时间公开进行。

开标由招标人主持，邀请所有投标人参加。开标时，要当众宣读投标人名称、投标价格、有无撤标情况以及招标单位认为合适的其他内容。

（1）开标程序。开标一般应按照下列程序进行：

1）主持人宣布开标会议开始，介绍参加开标会议的单位、人员名单及工程项目的有关情况。

2）请投标单位代表确认投标文件的密封性。

3）宣布公证、唱标、记录人员名单和招标文件规定的评标原则、定标办法。

4）宣读投标单位的名称、投标报价、工期、质量目标、主要材料用量、投标担保或保函以及投标文件的修改、撤回等情况，并做当场记录。

5）与会的投标单位法定代表人或者其代理人在记录上签字，确认开标结果。

6）宣布开标会议结束，进入评标阶段。

（2）无效投标的情形。投标单位法定代表人或授权代表未参加开标会议的视为自动弃权。投标文件有下列情形之一的将视为无效：

1）投标文件未按照招标文件的要求予以密封的。

2）投标文件中的投标函未加盖投标人的企业及企业法定代表人印章的，或者企业法定代表人委托代理人没有合法、有效的委托书（原件）及委托代理人印章的。

3）投标文件的关键内容字迹模糊、无法辨认的。

4）投标人未按照招标文件的要求提供投标保函或者投标保证金的。

5）组成联合体投标的，投标文件未附联合体各方共同投标协议的。

6）逾期送达。对未按规定送达的投标书，应视为废标，原封退回。但对于因非投标者的过失（因邮政、战争、罢工等原因）而在开标之前未送达的,投标单位可考虑接受该迟到的投标书。

2. 评标

开标后进入评标阶段。即采用统一的标准和方法,对符合要求的投标进行评比,来确定每项投标对招标人的价值,最后达到选定最佳中标人的目的。

(1)评标机构。我国《招标投标法》规定,评标由招标人依法组建的评标委员会负责。依法必须招标的项目,评标委员会由招标人的代表和有关技术、经济等方面的专家组成,成员人数为5人以上的单数,其中技术、经济等方面的专家不得少于成员总数的2/3。

技术、经济等方面的专家应当从事相关领域工作满8年且具有高级职称或具有同等专业水平,由招标人从国务院有关部门或省、自治区、直辖市人民政府有关部门提供的专家名册或者招标代理机构的专家库内的相关专业的专家名单中确定;一般招标项目可以采取随机抽取方式,特殊招标项目可以由招标人直接确定。与投标人有利害关系的人不得进入相关项目的评标委员会,已经进入的应当更换。评标委员会成员的名单在中标结果确定前应当保密。

(2)评标的保密性与独立性。我国《招标投标法》规定,招标人应当采取必要措施,保证评标在严格保密的情况下进行。评标的严格保密,是指评标在封闭状态下进行,评标委员会在评标过程中有关检查、评审和授标的建议等情况均不得向投标人或与该程序无关的人员透露。

由于招标文件中对评标的标准和方法进行了规定,列明了价格因素和价格因素之外的评标因素及其量化计算方法,因此,评标保密并不是在这些标准和方法之外另搞一套标准和方法进行评审和比较,而是这个评审过程是招标人及其评标委员会的独立活动,有权对整个过程保密,以免投标人及其他有关人员知晓其中的某些意见、看法或决定,而想方设法干扰评标活动的进行,也可以制止评标委员会成员对外泄漏和沟通有关情况,造成评标不公。

(3)投标文件的澄清和说明。评标时,评标委员会可以要求投标人对投标文件中含义不明确的内容做必要的澄清或者说明,比如投标文件有关内容前后不一致、明显打字(书写)错误或纯属计算上的错误等,评标委员会应通知投标人做出澄清或说明,以确认其正确的内容。澄清的要求和投标人的答复均应采用书面形式,且投标人的答复必须经法定代表人或授权代表人签字,作为投标文件的组成部分。

但是,投标人的澄清或说明,仅仅是对上述情形的解释和补充,不得有下列行为:

1)超出投标文件的范围。比如,投标文件中没有规定的内容,澄清的时候加以补充,投标文件提出的某些承诺条件与解释不一致等。

2)改变或谋求、提议改变投标文件中的实质性内容。实质性内容,是指改变投标文件中的报价、技术规格或参数、主要合同条款等内容。这种实质性内容的改变,其目的就是为了使不符合要求的或竞争力较差的投标变成竞争力较强的投标。实质性内容的改变将会引起不公平的竞争,因此是不允许发生的。在实际操作中,部分地区采取"询标"的方式来要求投标单位进行澄清和解释。询标一般由受委托的中介机构来完成,通常包括审标、提出书面询标报告、质询与解答、提交书面询标经济分析报告等环节。提交的书面询标经济分析报告将作为评标委员会进行评标的参考,有利于评标委员会在较短的时间内完成对投标文件的审查、评审和比较。

(4)评标原则和程序。为保证评标的公平、公正性,评标必须按照招标文件确定的评标标准、步骤和方法,不得采用招标文件中未列明的任何评标标准和方法,也不得改变招标确定的评标标准和方法。设有标底的,应当参考标底。评标委员会完成评标后,应当向招标人提交书面评标报告,并推荐合格的中标候选人。招标人根据评标委员会提交的书面评标报告和推荐的中标候选人确定中标人。招标人也可授权评标委员会直接确定中标人。

1)评标原则。评标只对有效投标进行评审。在建设工程中,评标应遵循下列原则:

①平等竞争,机会均等。制定评标定标办法要对各投标人一视同

仁,在评标定标的实际操作和决策过程中,要用一个标准衡量,保证投标人能平等地参加竞争。对投标人来说,在评标定标办法中不存在对某一方有利或不利的条款,在定标结果正式出来之前,中标的机会是均等的,不允许针对某一特定的投标人在某一方面的优势或弱势而在评标定标具体条款中带有倾向性。

②客观公正,科学合理。对投标文件的评价、比较和分析,要客观公正,不以主观好恶为标准,不带成见,真正在投标文件的响应性、技术性、经济性等方面评出客观的差别和优劣。采用的评标定标方法,对评审指标的设置和评分标准的具体划分,都要在充分考虑招标项目的具体特点和招标人的合理意愿的基础上,尽量避免和减少人为因素,做到科学合理。

③实事求是,择优定标。对投标文件的评审,要从实际出发,实事求是。评标定标活动既要全面,也要有重点,不能泛泛进行。任何一个招标项目都有自己的具体内容和特点,招标人作为合同的一方主体,对合同的签订和履行负有其他任何单位和个人都无法替代的责任,所以,在其他条件等同的情况下,应该允许招标人选择更符合招标工程特点和自己招标意愿的投标人中标。招标评标办法可根据具体情况,侧重于工期或价格、质量、信誉等一两个招标工程客观上需要注意的重点,在全面评审的基础上做出合理取舍。这应该说是招标人的一项重要权利,招标投标管理机构对此应予尊重。但招标的根本目的在于择优,而择优决定了评标定标办法中的突出重点、照顾工程特点和招标人意图,只能是在同等的条件下,针对实际存在的客观因素而不是纯粹招标人主观上的需要,才被允许,才是公正合理的。所以,在实践中,也要注意避免将招标人的主观好恶掺入评标定标办法中,防止影响和损害招标的择优宗旨。

2)中标人的投标应当符合的条件。我国《招标投标法》规定,中标人的投标应当符合下列条件之一:

①能够最大限度地满足招标文件中规定的各项综合评价标准。

②能够满足招标文件的实质性要求,并经评审的投标价格最低;

但是投标价格低于成本的除外。

3)评标程序。评标程序一般分为初步评审和详细评审两个阶段。

①初步评审,包括对投标文件的符合性评审、技术性评审和商务性评审。

a. 符合性评审,包括商务符合性评审和技术符合性鉴定。投标文件应实质性响应招标文件的所有条款、条件,无显著差异和保留。显著差异和保留包括以下情况:对工程的范围、质量以及使用性能产生实质性影响;对合同中规定的招标单位的权利及投标单位的责任造成实质性限制;纠正或保留这种差异,将会对其他实质性响应的投标单位的竞争地位产生不公正的影响。

b. 技术性评审,主要包括对投标人所报的方案或组织设计、关键工序、进度计划、人员和机械设备的配备、技术能力、质量控制措施、临时设施的布置和临时用地情况、施工现场周围环境污染的保护措施等进行评估。

c. 商务性评审,指对确定为实质上响应招标文件要求的投标文件进行投标报价评估,包括对投标报价进行校核,审查全部报价数据是否有计算上或累计上的算术错误,分析报价构成的合理性。发现报价数据上有算术错误,修改的原则是:如果用数字表示的数额与用文字表示的数额不一致时,以文字数额为准;当单价与工程量的乘积与合价之间不一致时,通常以标出的单价为准,除非评标组织认为有明显的小数点错位,此时应以标出的合价为准,并修改单价。按上述原则调整投标书中的投标报价,经投标人确认同意后,修改的内容将对投标人起约束作用;如果投标人不接受修正后的投标报价,则其投标将被拒绝。

初步评审中,评标委员应当根据招标文件,审查并逐项列出投标文件的全部投资偏差。投标偏差分为重大偏差和细微偏差。出现重大偏差视为未能实质性响应招标文件,作废标处理;细微偏差指实质上响应招标文件要求,但在个别地方存在漏项或者提供了不完整的技术信息和资料等情况,且补正这些遗漏或不完整不会对其他投标人造成不公正的结果。细微偏差不影响投标文件的有效性。

②详细评审。经过初步评审合格的投标文件,评标委员会应当根据招标文件确定的评标标准和方法,对其技术部分和商务部分作进一步评审、比较。

(5)评标方法。对于通过资格预审的投标者,对他们的财务状况、技术能力、经验及信誉在评标时可不必再评审。评标时主要考虑报价、工期、施工方案、施工组织、质量保证措施、主要材料用量等方面的条件。对于在招标过程中未经过资格预审的,在评标中首先进行资格后审,剔除在财务、技术和经验方面不能胜任的投标者。在招标文件中应加入资格审查的内容,投标者在递交投标书时,同时递交资格审查的资料。评标方法的科学性对于实施平等的竞争、公正合理地选择中标者是极其重要的。评标涉及的因素很多,应在分门别类、有主有次的基础上,结合工程的特点确定科学的评标方法。

评标的方法,目前国内外采用较多的是专家评议法、低标价法和打分法。

1)专家评议法。评标委员会根据预先确定的评审内容,如报价、工期、施工方案、企业的信誉和经验以及投标者所建议的优惠条件等,对各标书进行认真的分析比较后,评标委员会的各成员进行共同的协商和评议,以投票的方式确定中选的投标者。这种方法实际上是定性的优选法。由于缺少对投标书的量化的比较,因而易产生众说纷纭、意见难于统一的现象。但是其评标过程比较简单,在较短时间内即可完成,一般适用于小型工程项目。

2)低标价法。就是以标价最低者为中标者的评标方法,世界银行贷款项目多采用这种方法。但该标价是指评估标价,也就是考虑了各评审要素以后的投标报价,而非投标者投标书中的投标报价。采用这种方法时,一定要采用严谨的招标程序,严格的资格预审,所编制招标文件一定要严密,详评时对标书的技术评审等工作要扎实全面。

3)打分法。这种方法是由评标委员会事先将评标的内容进行分类,并确定其评分标准,然后由每位委员无记名打分,最后统计投标者的得分。得分超过及格标准分最高者为中标单位。这种定量的评标方法,是在评标因素多而复杂,或投标前未经资格预审就投标时常采用的一种公正、科学的评标方法,能充分体现平等竞争、一视同仁的原则,定标后分歧意见较小。

3. 定标和签订合同

评标结束后,评标委员会应写出评标报告,提出中标单位的建议,交业主或其主管部门审核。评标报告一般由下列内容组成:

(1)招标情况。主要包括工程说明、招标过程等。

(2)开标情况。主要包括开标时间、地点、参加开标会议人员、唱标情况等。

(3)评标情况。主要包括评标委员会的组成及评标委员会人员名单、评标工作的依据及评标内容等。

(4)推荐意见。评标委员会提出中标候选人推荐意见。

(5)附件。主要包括评标委员会人员名单;投标单位资格审查情况表;投标文件符合情况鉴定表;投标报价评比报价表;投标文件质询澄清的问题等。

业主或其主管部门根据评标委员会提出的评标报告及其推荐意见,确定中标人,并在法定期限内与中标人签订合同。

第二节 招标控制价编制

一、一般规定

招标控制价是招标人根据国家或省级、行业建设主管部门颁发的有关计价依据和办法,按设计施工图纸计算的,对招标工程限定的最高工程造价。国有资金投资的工程建设项目必须实行工程量清单招标,并编制招标控制价。

(1)招标控制价的作用

1)我国对国有资金投资项目实行的是投资控制的投资概算审批制度,国有资金投资的工程原则上不能超过批准的投资概算。因此,在工程招标发包时,当编制的招标控制价超过批准的概算,招标人应当将其报原概算审批部门重新审核。

2)国有资金投资的工程进行招标,根据《中华人民共和国招标投标法》的规定,招标人可以设标底。当招标人不设标底时,为有利于客观、合理地评审投标报价和避免哄抬标价,造成国有资产流失,招标人必须编制招标控制价。

3)国有资金投资的工程,招标人编制并公布的招标控制价相当于招标人的采购预算,同时要求其不能超过批准的概算,因此,招标控制价是招标人在工程招标时能接受投标人报价的最高限价。

(2)招标控制价的编制人员

招标控制价应由具有编制能力的招标人编制,当招标人不具有编制招标控制价的能力时,可委托具有相应资质的工程造价咨询人编制。工程造价咨询人接受招标人委托编制招标控制价,不得再就同一工程接受投标人委托编制投标报价。具有相应工程造价咨询资质的工程造价咨询人是指根据《工程造价咨询企业管理办法》(建设部令第149号)的规定,依法取得工程造价咨询企业资质,并在其资质许可的范围内接受招标人的委托,编制招标控制价的工程造价咨询企业。即取得甲级工程造价咨询资质的咨询人可承担各类建设项目的招标控制价的编制,取得乙级(包括乙级暂定)工程造价咨询资质的咨询人,则只能承担5000万元以下的招标控制价的编制。

(3)其他规定

1)招标控制价的作用决定了招标控制价不同于标底,无须保密。为体现招标的公平、公正,防止招标人有意抬高或压低工程造价,招标人应在招标文件中如实公布招标控制价,不得对所编制的招标控制价进行上浮或下调。招标人在招标文件中公布招标控制价时,应公布招标控制价各组成部分的详细内容,不得只公布招标控制价总价。

2)招标人应将招标控制价及有关资料报送工程所在地或有该工

程管辖权的行业管理部门工程造价管理机构备查。

二、招标控制价编制与复核

(1)招标控制价编制依据

1)"13 计价规范"。

2)国家或省级、行业建设主管部门颁发的计价定额和计价办法。

3)建设工程设计文件及相关资料。

4)拟定的招标文件及招标工程量清单。

5)与建设项目相关的标准、规范、技术资料。

6)施工现场情况、工程特点及常规施工方案。

7)工程造价管理机构发布的工程造价信息,当工程造价信息没有发布时,参照市场价。

8)其他的相关资料。

按上述依据进行招标控制价编制时,应注意以下事项:

1)使用的计价标准、计价政策应是国家或省、自治区、直辖市建设行政主管部门或行业建设主管部门颁布的计价定额和计价方法。

2)采用的材料价格应是工程造价管理机构通过工程造价信息发布的材料单价,工程造价信息未发布材料单价的材料,其材料价格应通过市场调查确定。

3)国家或省、自治区、直辖市建设行政主管部门或行业建设主管部门对工程造价计价中费用或费用标准有规定的,应按规定执行。

(2)招标控制价的编制

1)综合单价中应包括招标文件中划分的应由投标人承担的风险范围及其费用。招标文件中没有明确的,如是工程造价咨询人编制,应提请招标人明确;如是招标人编制,应予明确。

2)分部分项工程和措施项目中的单价项目,应根据拟定的招标文件和招标工程量清单项目中的特征描述及有关要求确定综合单价计算。招标文件中提供了暂估单价的材料,按暂估的单价计入综合单价。

3)措施项目中的总价项目应根据拟定的招标文件和常规施工方案采用综合单价计价。措施项目中的安全文明施工费必须按国家或省级、行业建设主管部门的规定计算,不得作为竞争性费用。

4)其他项目费应按下列规定计价:

①暂列金额。暂列金额应按招标工程量清单中列出的金额填写。

②暂估价。暂估价包括材料暂估单价、工程设备暂估单价和专业工程暂估价。暂估价中的材料、工程设备单价应根据招标工程量清单列出的单价计入综合单价。

③计日工。计日工包括计日工人工、材料和施工机械。在编制招标控制价时,对计日工中的人工单价和施工机械台班单价应按省级、行业建设主管部门或其授权的工程造价管理机构公布的单价计算;材料应按工程造价管理机构发布的工程造价信息中的材料单价计算,工程造价信息未发布材料单价的材料,其价格应按市场调查确定的单价计算。

④总承包服务费。招标人编制招标控制价时,总承包服务费应根据招标文件中列出的内容和向总承包人提出的要求,按照省级或行业建设主管部门的规定或参照下列标准计算:

a. 招标人仅要求对分包的专业工程进行总承包管理和协调时,按分包的专业工程估算造价的1.5%计算。

b. 招标人要求对分包的专业工程进行总承包管理和协调,并同时要求提供配合服务时,根据招标文件中列出的配合服务内容和提出的要求,按分包的专业工程估算造价的3%~5%计算。

c. 招标人自行供应材料的,按招标人供应材料价值的1%计算。

5)招标控制价的规费和税金必须按国家或省级、行业建设主管部门的规定计算。

三、投诉与处理

(1)投标人经复核认为招标人公布的招标控制价未按照"13计价规范"的规定进行编制的,应在招标控制价公布后5天内向招投标监督机构和工程造价管理机构投诉。

（2）投诉人投诉时，应当提交由单位盖章和法定代表人或其委托人签名或盖章的书面投诉书。投诉书应包括下列内容：

1）投诉人与被投诉人的名称、地址及有效联系方式。

2）投诉的招标工程名称、具体事项及理由。

3）投诉依据及有关证明材料。

4）相关的请求及主张。

（3）投诉人不得进行虚假、恶意投诉，阻碍招投标活动的正常进行。

（4）工程造价管理机构在接到投诉书后应在2个工作日内进行审查，对有下列情况之一的，不予受理：

1）投诉人不是所投诉招标工程招标文件的收受人。

2）投诉书提交的时间不符合上述第（1）条规定的。

3）投诉书不符合上述第（2）条规定的。

4）投诉事项已进入行政复议或行政诉讼程序的。

（5）工程造价管理机构应在不迟于结束审查的次日将是否受理投诉的决定书面通知投诉人、被投诉人以及负责该工程招投标监督的招投标管理机构。

（6）工程造价管理机构受理投诉后，应立即对招标控制价进行复查，组织投诉人、被投诉人或其委托的招标控制价编制人等单位人员对投诉问题逐一核对。有关当事人应当予以配合，并应保证所提供资料的真实性。

（7）工程造价管理机构应当在受理投诉的10天内完成复查，特殊情况下可适当延长，并做出书面结论通知投诉人、被投诉人及负责该工程招投标监督的招投标管理机构。

（8）当招标控制价复查结论与原公布的招标控制价误差大于±3%时，应当责成招标人改正。

（9）招标人根据招标控制价复查结论需要重新公布招标控制价的，其最终公布的时间至招标文件要求提交投标文件截止时间不足15天的，应相应延长投标文件的截止时间。

四、招标工程量清单编制实例

表 2-1　　　　　　　　　招标工程量清单封面

<u>　某园区园林绿化　</u>工程

招标工程量清单

招　标　人：<u>　　××公司　　</u>
　　　　　　　　（单位盖章）

造价咨询人：<u>　××工程造价咨询事务所　</u>
　　　　　　　　（单位盖章）

××××年××月××日

表 2-2　　　　　　　　招标工程量清单扉页

某园区园林绿化 工程

招标工程量清单

招 标 人：　××公司　　　　　　咨 询 人：　　××　　
　　　　（单位盖章）　　　　　　　　　　　（单位资质专用章）

法定代表人　　　　　　　　　　　法定代表人
或其授权人：　　××　　　　　　或其授权人：　　××　　
　　　　（签字或盖章）　　　　　　　　　　（签字或盖章）

编 制 人：　　×××　　　　　　复 核 人：　　×××　　
　　（造价人员签字盖专用章）　　　　（造价工程师签字盖专用章）

编 制 时 间：××年×月×日　　　复 核 时 间：××年×月×日

扉-1

第二章 清单计价模式下的园林工程招标

表 2-3 总 说 明

工程名称:某园区园林绿化工程　　　　　　　　　　　第1页 共1页

1. 工程概况:本园区位于××区,交通便利,园区中建筑与市政建设均已完成。园林绿化面积为1850m²,整个工程由圆形花坛、伞亭、连座花坛、花架、八角花坛以及绿地等组成。栽种的植物主要有桧柏、法桐、龙爪槐、国槐、白皮松、珍珠梅、月季等。

2. 招标范围:绿化工程、庭院工程。

3. 工程量清单编制依据:本工程依据《建设工程工程量清单计价规范》、《园林绿化工程工程量计算规范》编制工程量清单,依据××单位设计的本工程施工设计图纸计算实务工程量。

4. 其他:略

表-01

表 2-4 **分部分项工程和单价措施项目清单与计价表**

工程名称:某园区园林绿化工程　　　　　　　标段:　　　第 页 共 页

序号	项目编码	项目名称	项目特征描述	计量单位	工程量	金额(元)		
						综合单价	合价	其中暂估价
			绿化工程					
1	050101010001	整理绿化用地	普坚土	m²	834.32			
2	050102001001	栽植乔木	桧柏,高 1.2~1.5m,土球苗木	株	3			
3	050102001002	栽植乔木	垂柳,胸径10.0~12.0cm,露根乔木	株	6			
4	050102001003	栽植乔木	龙爪槐,胸径6.0~10.0cm,露根乔木	株	5			
5	050102001004	栽植乔木	大叶黄杨,胸径1~1.2m,露根乔木	株	5			

续表

序号	项目编码	项目名称	项目特征描述	计量单位	工程量	金额(元)		
						综合单价	合价	其中暂估价
6	050102002005	栽植乔木	金银木,高1.5~1.8m,露根灌木	株	90			
7	050102002001	栽植灌木	珍珠梅,高1~1.2m,露根灌木	株	60			
8	050102008001	栽植花卉	月季,各色月季,二年生,露地花卉	株	120			
9	050102012001	铺种草皮	野牛草,草皮	m²	466.00			
10	050103001001	喷灌管线安装	主管75UPVC管长21m,直径40YPVC管长35m;支管直径32UPVC管长98.6m	m	154.60			
			分部小计					
			园路、园桥工程					
11	050201001001	园路	200mm厚砂垫层,150mm厚3:7灰土垫层,水泥方格砖路面	m²	180.25			
12	040101001001	挖一般土方	普坚土,挖土平均深度350mm,弃土运距100m	m³	61.79			
13	050201003001	路牙铺设	3:7灰土垫层150mm厚,花岗石	m	96.23			
			(其他略)					
			分部小计					
			本页小计					
			合　　计					

表-08

第二章 清单计价模式下的园林工程招标

表 2-5　　　　分部分项工程和单价措施项目清单与计价表

工程名称:某园区园林绿化工程　　　标段:　　　　　　　第　页共　页

序号	项目编码	项目名称	项目特征描述	计量单位	工程量	金额(元)		
						综合单价	合价	其中 暂估价
		园林景观工程						
14	050304001001	现浇混凝土花架柱、梁	柱6根,高2.2m	m³	2.22			
15	050305005001	预制混凝土桌凳	C20预制混凝土桌凳,水磨石面	m	7.00			
16	011203003001	零星项目一般抹灰	檩架抹水泥砂浆	m²	60.04			
17	010101003001	挖沟槽土方	挖八角花坛土方,人工挖地槽,土方运距100m	m³	10.64			
18	010507007001	其他构件	八角花坛混凝土池壁,C10混凝土现浇	m³	7.30			
19	011204001001	石材墙面	圆形花坛混凝土池壁贴大理石	m²	11.02			
20	010101003002	挖沟槽土方	连座花坛土方,平均挖土深度870mm,普坚土,弃土运距100m	m³	9.22			
21	010501003001	现浇混凝土独立基础	3:7灰土垫层,100mm厚	m³	1.06			

续表

序号	项目编码	项目名称	项目特征描述	计量单位	工程量	金额(元)		
						综合单价	合价	其中 暂估价
22	011202001001	柱面一般抹灰	混凝土柱水泥砂浆抹面	m²	10.13			
23	010401003001	实心砖墙	M5混合砂浆砌筑,普通砖	m³	4.87			
24	010507007002	其他构件	连座花坛混凝土花池,C25混凝土现浇	m³	2.68			
25	010101003003	挖沟槽土方	挖坐凳土方,平均挖土深度80mm,普坚土,弃土运距100m	m³	0.03			
26	010101003004	挖沟槽土方	挖花台土方,平均挖土深度640mm,普坚土,弃土运距100m	m³	6.65			
27	010501003002	现浇混凝土独立基础	3:7灰土垫层,300mm厚	m³	1.02			
28	010401003002	实心砖墙	砖砌花台,M5混合砂浆,普通砖	m³	2.37			
			本页小计					
			合 计					

表-08

第二章 清单计价模式下的园林工程招标

表 2-6　　分部分项工程和单价措施项目清单与计价表

工程名称：某园区园林绿化工程　　　标段：　　　　　　　　第　页共　页

序号	项目编码	项目名称	项目特征描述	计量单位	工程量	金额(元)		
						综合单价	合价	其中 暂估价
29	010507007003	其他构件	花台混凝土花池，C25 混凝土现浇	m³	2.72			
30	011204001002	石材墙面	花台混凝土花池池面贴花岗石	m²	4.56			
31	010101003005	挖沟槽土方	挖花墙花台土方，平均深度 940mm，普坚土，弃土运距 100m	m³	11.73			
32	010501002001	带形基础	花墙花台混凝土基础，C25 混凝土现浇	m³	1.25			
33	010401003003	实心砖墙	砖砌花台，M5 混合砂浆，普通砖	m³	8.19			
34	011204001003	石材墙面	花墙花台墙面贴青石板	m²	27.73			
35	010606013001	零星钢构件	花墙花台铁花饰，－60×6,2.83kg/m	t	0.11			
36	010101003006	挖沟槽土方	挖圆形花坛土方，平均深度 800mm，普坚土，弃土运距 100m	m³	3.82			

续表

序号	项目编码	项目名称	项目特征描述	计量单位	工程量	金额(元)		
						综合单价	合价	其中 暂估价
37	010507007004	其他构件	圆形花坛混凝土池壁,C25混凝土现浇	m³	2.63			
38	011204001004	石材墙面	圆形花坛混凝土池壁贴大理石	m²	10.05			
39	010502001001	矩形柱	钢筋混凝土柱,C25混凝土现浇	m³	1.80			
40	011202001002	柱面一般抹灰	混凝土柱水泥砂浆抹面	m²	10.20			
41	011407001001	墙面喷刷涂料	混凝土柱面刷白色涂料	m²	10.20			
		(其他略)						
		分部小计						
		措施项目						
42	050401002001	抹灰脚手架	柱面一般抹灰	m²	11.00			
		(其他略)						
		分部小计						
		本页小计						
		合　　计						

表-08

第二章　清单计价模式下的园林工程招标

表 2-7　　　　　　　　**总价措施项目清单与计价表**

工程名称：某园区园林绿化工程　　　标段：　　　　　　第 1 页 共 1 页

序号	项目编码	项目名称	计算基础	费率(%)	金额(元)	调整费率(%)	调整后金额(元)	备注
1	050405001001	安全文明施工费						
2	050405002001	夜间施工增加费						
3	050405004001	二次搬运费						
4	050405005001	冬雨季施工增加费						
5	050405007001	地上、地下设施的临时保护设施						
6	050405008001	已完工程及设备保护费						
		合　　计						

编制人(造价人员)：　　　　　　　复核人(造价工程师)：

注：1. "计算基础"中安全文明施工费可为"定额基价""定额人工费"或"定额人工费+定额机械费"，其他项目可为"定额人工费"或"定额人工费+定额机械费"。
　　2. 按施工方案计算的措施费，若无"计算基础"和"费率"的数值，也可只填"金额"数值，但应在备注栏说明施工方案出处或计算方法。

表-11

表 2-8　　　　　　　　**其他项目清单与计价汇总表**

工程名称：某园区园林绿化工程　　　标段：　　　　　　第 1 页 共 1 页

序号	项目名称	金额(元)	结算金额(元)	备注
1	暂列金额	50000.00		明细详见表-12-1
2	暂估价	1000000.00		
2.1	材料(工程设备)暂估价/结算价	—		明细详见表-12-2
2.2	专业工程暂估价/结算价	100000.00		明细详见表-12-3
3	计日工			明细详见表-12-4

续表

序号	项目名称	金额（元）	结算金额（元）	备注
4	总承包服务费			明细详见表-12-5
	合　计	150000.00		

注：材料（工程设备）暂估单价计入清单项目综合单价，此处不汇总。

表-12

表 2-9　　　　　　　　　　暂列金额明细表

工程名称：某园区园林绿化工程　　标段：　　　　　　第1页 共1页

序号	项目名称	计量单位	暂定金额（元）	备注
1	政策性调整和材料价格风险	项	15000.00	
2	工程量清单中工程量变更和设计变更	项	25000.00	
3	其他	项	10000.00	
	合　计		50000.00	—

注：此表由招标人填写，如不能详列，也可只列暂定金额总额，投标人应将上述暂列金额计入投标总价中。

表-12-1

第二章 清单计价模式下的园林工程招标

表 2-10 材料（工程设备）暂估单价及调整表

工程名称：某园区园林绿化工程　　　　　　　　　　　　　　　　　标段：　　　　　　　　　　　　第 1 页 共 1 页

序号	材料（工程设备）名称、规格、型号	计量单位	数量 暂估	数量 确认	暂估（元）单价	暂估（元）合价	确认（元）单价	确认（元）合价	差额±（元）单价	差额±（元）合价	备注
1	桧柏	株	3		600.00	1800.00					用于栽植桧柏项目
2	龙爪槐	株	5		750.00	3750.00					用于栽植龙爪槐项目
合计						5550.00					

注：此表由招标人填写"暂估单价"，并在备注栏说明暂估单价的材料、工程设备拟用在哪些清单项目上，投标人应将上述材料、工程设备暂估单价计入工程量清单综合单价报价中。

表-12-2

表 2-11 专业工程暂估价及结算价表

工程名称：某园区园林绿化工程　　　　标段：　　　　　　　　第　页共　页

序号	工程名称	工程内容	暂估金额（元）	结算金额（元）	差额±（元）	备注
1	园林广播系统	合同图纸中标明及技术说明中规定的系统中的设备、线缆等的供应、安装和调试工作	100000.00			
	合　　计		100000.00			

注：此表"暂估金额"由招标人填写，投标人应将"暂估金额"计入投标总价中。结算时按合同约定结算金额填写。

表-12-3

表 2-12　　　　　　　　　　计日工表

工程名称：某园区园林绿化工程　　　　标段：　　　　　　　　第　页共　页

编号	项目名称	单位	暂定数量	实际数量	综合单价（元）	合价(元)	
						暂定	实际
一	人工						
1	技工	工日	40				

第二章 清单计价模式下的园林工程招标

续表

编号	项目名称	单位	暂定数量	实际数量	综合单价（元）	合价(元) 暂定	合价(元) 实际
2							
3							
4							
人工小计							
二	材料						
1	42.5级普通水泥	t	15.00				
2							
3							
4							
材料小计							
三	施工机械						
1	汽车起重机20t	台班	5				
2							
3							
施工机械小计							
四、企业管理费和利润							
总　　计							

注：此表"项目名称"、"暂定数量"由招标人填写，编制招标控制价时，单价由招标人按有关规定确定；投标时，单价由投标人自主确定，按暂定数量计算合价计入投标总价中；结算时，按发承包双方确定的实际数量计算合价。

表-12-4

表 2-13   总承包服务费计价表

工程名称:某园区园林绿化工程　　　标段:　　　　　　第1页 共1页

序号	项目名称	项目价值（元）	服务内容	计算基础	费率（%）	金额（元）
1	发包人发包专业工程	100000.00	1. 按专业工程承包人的要求提供施工工作面并对施工现场进行统一管理,对竣工资料进行统一整理汇总。2. 为专业工程承包人提供垂直运输机械和焊接电源接入点,并承担垂直运输费和电费			
2	发包人提供材料	5550.00	对发包人供应的材料进行验收及保管和使用发放			
	合　计	—				—

注:此表"项目名称"、"服务内容"由招标人填写,编制招标控制价时,费率及金额由招标人按有关计价规定确定;投标时,费率及金额由投标人自主报价,计入投标总价中。

表-12-5

第二章 清单计价模式下的园林工程招标

表 2-14 规费、税金项目计价表

工程名称:某园区园林绿化工程　　　标段：　　　　　　第1页 共1页

序号	项目名称	计算基础	计算基数	计算费率(%)	金额(元)
1	规费	定额人工费			
1.1	社会保险费	定额人工费			
(1)	养老保险费	定额人工费			
(2)	失业保险费	定额人工费			
(3)	医疗保险费	定额人工费			
(4)	工伤保险费	定额人工费			
(5)	生育保险费	定额人工费			
1.2	住房公积金	定额人工费			
1.3	工程排污费	按工程所在地环境保护部门收取标准,按实计入			
2	税金	分部分项工程费＋措施项目费＋其他项目费＋规费－按规定不计税的工程设备金额			
合　计					

编制人(造价人员)：　　　　　　　复核人(造价工程师)：

表-13

第三章 清单计价模式下的园林工程投标报价

第一节 建设项目投标概述

一、投标的概念

投标是指承建单位依据有关规定和招标单位拟定的招标文件参与竞争,并按照招标文件的要求,在规定的时间内向招标人填报投标函并争取中标,意图与建设工程项目法人单位达成协议的经济法律活动。

投标是建筑企业取得工程施工合同的主要途径,投标文件就是对业主发出要约的承诺。投标人一旦提交了投标文件,就必须在招标文件规定的期限内信守其承诺,不得随意退出投标竞争。因为投标是一种法律行为,投标人必须承担中途反悔撤出的经济和法律责任。

二、投标组织

为了在投标竞争中获胜,建筑施工企业应设置投标工作机构,平时掌握市场动态信息,积累有关资料;遇有招标工程项目,则办理参加投标手续,研究投标报价策略,编制和递送投标文件,以及参加定标前后的谈判等,直至定标后签订合同协议。

1. 投标机构的性质

在工程承包招标投标竞争中,对于业主来说,招标就是择优。由于工程的性质和业主的评价标准不同,择优可能有不同的侧重面,但一般包含如下四个方面：

（1）较低的价格。承包人投标报价的高低直接影响业主的投资效益,在满足招标实质要求的前提下,报价往往是决定承包人能否中标的关键。

（2）优良的质量。建筑产品具有投资额度大、使用周期长等特点,建筑质量直接关系到业主的生命财产安全,关系到建筑产品的使用价值的大小,因而质量问题是业主在招标中关注的焦点。

（3）较短的工期。在市场经济条件下,速度与效益成正比,施工工期直接影响业主在产品使用中的经济效益。在同等的报价、质量水平下,承包人施工工期的长短,往往会成为决定能否中标的主要矛盾,特别是工期要求急的特殊工程。

（4）先进的技术。科学技术是第一生产力,承包人的技术水平是其生产能力的标志,也是实现较低的价格、优良的质量和较短的工期的基础与前提。

业主通过招标,从众多的投标者中进行评选,既要从其突出的侧重面进行衡量,又要综合考虑上述四个方面的因素,最后确定中标者。

2. 投标机构的组成

对于承包人来说,参加投标就如同参加一场赛事竞争。因为它关系到企业的兴衰存亡。这场赛事不仅比报价的高低,而且比技术、经验、实力和信誉。特别是当前国际承包市场中,越来越多的是技术密集型项目,势必要给承包人带来两方面的挑战:一方面是技术上的挑战,要求承包人具有先进的科学技术,能够完成高、新、尖、难工程;另一方面是管理上的挑战,要求承包人具有现代先进的组织管理水平,能够以较低价中标,靠管理和索赔获利。

为迎接技术和管理方面的挑战,在竞争中取胜,承包人的投标班子应该由如下三种类型的人才组成:

（1）经营管理类人才。经营管理类人才是指制定和贯彻经营方针与规划、负责工作的全面筹划和安排、具有决策能力的人员,它包括经理、副经理、总工程师、总经济师等具有决策权的人员,以及其他经营管理人才。

(2)专业技术类人才。专业技术类人才是指建筑师、结构工程师、设备工程师等各类专业技术人员,他们应具备熟练的专业技能,丰富的专业知识,能从本公司的实际技术水平出发,制定投标用的专业实施方案。

(3)商务金融类人才。商务金融类人才是指概预算、财务、合同、金融、保函、保险等方面的人才,在国际工程投标竞争中这类人才的作用尤其重要。

投标工作机构不但要做到个体素质良好,更重要的是要做到共同参与、协同作战,发挥群体力量。在参加投标活动时,以上各类人才相互补充,才能形成人才整体优势。另外,由于项目经理是未来项目施工的执行者,为使其更深入地了解该项目的内在规律,把握工作要点,提高项目管理的水平,在可能的情况下,应吸收项目经理人选进入投标班子。在国际工程(含境内涉外工程)投标时,还应配备懂得专业和合同管理的翻译人员。

一般来说,承包人的投标工作机构应保持相对稳定,这样有利于不断提高工作班子中各成员及整体的素质和水平,提高投标的竞争力。

三、工程项目投标程序

投标的程序即指投标过程中各项活动的步骤及相关的内容,反映各工作环节的内在联系和逻辑关系。投标程序如图 3-1 所示。

四、投标文件的组成

1. 投标函

投标函(表 3-1)主要内容为投标报价、质量、工期目标、履约保证金数额等。

第三章　清单计价模式下的园林工程投标报价

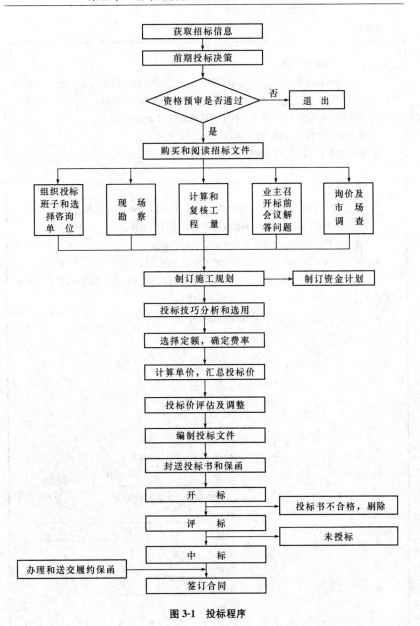

图 3-1　投标程序

表 3-1　　　　　　　　　　　　　投 标 函

_____（招标人名称）：

1. 我方已仔细研究_____（项目名称）_____标段施工招标文件的全部内容,愿意以人民币（大写）_____元（￥_____）的投标总报价,工期_____日历天,按合同约定实施和完成承包工程,修补工程中的任何缺陷,工程质量达到_____。

2. 我方承诺在投标有效期内不修改、撤销投标文件。

3. 随同本投标函提交投标保证金一份,金额为人民币（大写）_____元（￥_____）。

4. 如我方中标：

(1)我方承诺在收到中标通知书后,在中标通知书规定的期限内与你方签订合同。

(2)随同本投标函递交的投标函附录属于合同文件的组成部分。

(3)我方承诺按照招标文件规定向你方递交履约担保。

(4)我方承诺在合同约定的期限内完成并移交全部合同工程。

5. 我方在此声明,所递交的投标文件及有关资料内容完整、真实和准确,且不存在第二章"投标人须知"第 1.4.3 项规定的任何一种情形。

6. _____（其他补充说明）。

投 标 人：_____（盖单位章）

法定代表人或其委托代理人：_____（签字）

地址：_____

网址：_____

电话：_____

传真：_____

邮政编码：_____

_____年___月___日

2. 投标函附录

投标函附录(表 3-2、表 3-3)内容为投标人对开工日期、履约保证金、违约金以及招标文件规定其他要求的具体承诺。

表 3-2　　项目投标函附录

序号	条款名称	合同条款号	约定内容	备注
1	项目经理	1.1.2.4	姓名：_____	
2	工期	1.1.4.3	天数：_____日历天	
3	缺陷责任期	1.1.4.5		
4	分包	4.3.4		
5	价格调整的差额计算	16.1.1	见价格指数权重表	
…	…	…		
…	…	…		

表 3-3　　价格指数权重表

名　称		基本价格指数		权　重		价格指数来源
		代号	指数值	代号	允许范围	投标人建议值	
定值部分				A			
变值部分	人工费	F_{01}		B_1	___至___		
	钢材	F_{02}		B_2	___至___		
	水泥	F_{03}		B_3	___至___		
	……	……		……	……		
合　计						1.00	

3. 授权委托书

授权委托书(表 3-4)在诉讼中,是指委托代理人取得诉讼代理资格给被代理人进行诉讼的证明文书,其记载的内容主要包括委托事项和代理权限,并由委托人签名或盖章。

表 3-4　　　　　　　　　　授权委托书

本人_____(姓名)是_____(投标人名称)的法定代表人,现委托_____(姓名)为我方代理人。代理人根据授权,以我方名义签署、澄清、说明、补正、递交、撤回、修改_____(项目名称)_____标段施工投标文件、签订合同和处理有关事宜,其法律后果由我方承担。 　　委托期限:_____ 　　代理人无转委托权。 　　附:法定代表人身份证明   投标人:_____(盖单位章) 法定代表人:_____(签字) 身份证号码:_____ 委托代理人:_____(签字) 身份证号码:_____ 　　　　　　　　____年___月___日

4. 投标保证金

投标保证金(表 3-5)的形式有现金、支票、汇票和银行保函,但具体采用何种形式应根据招标文件规定。

表 3-5　　　　　　　　　　投标保证金

_____(招标人名称):

　　鉴于_____(投标人名称)(以下称"投标人")于_____年___月___日参加_____(项目名称)_____标段施工的投标,_____(担保人名称,以下简称"我方")无条件地、不可撤销地保证:投标人在规定的投标文件有效期内撤销或修改其投标文件的,或者投标人在收到中标通知书后无正当理由拒签合同或拒交规定履约担保的,我方承担保证责任。收到你方书面通知后,在 7 日内无条件向你方支付人民币(大写)_____元。

　　本保函在投标有效期内保持有效。要求我方承担保证责任的通知应在投标有效期内送达我方。

担保人名称:_____(盖单位章)
法定代表人或其委托代理人:_____(签字)
地址:_____
邮政编码:_____
电话:_____
传真:_____

_____年___月___日

5. 法定代表人资格证书(表 3-6)

表 3-6 法定代表人资格证书

投标人名称：_____

单位性质：_____

地址：_____

成立时间：_____年___月___日

经营期限：_____

姓名：_____性别：_____年龄：_____职务：_____

是_____(投标人名称)的法定代表人。

　　特此证明。

投标人：_____(盖单位章)

_____年___月___日

6. 联合体协议书(表3-7)

表3-7 联合体协议书

_____(所有成员单位名称)自愿组成_____(联合体名称)联合体,共同参加_____(项目名称)_____标段施工投标。现就联合体投标事宜订立如下协议。

1. _____(某成员单位名称)为_____(联合体名称)牵头人。

2. 联合体牵头人合法代表联合体各成员负责本招标项目投标文件编制和合同谈判活动,并代表联合体提交和接收相关的资料、信息及指示,处理与之有关的一切事务,负责合同实施阶段的主办、组织和协调工作。

3. 联合体将严格按照招标文件的各项要求、递交投标文件,履行合同,并对外承担连带责任。

4. 联合体各成员单位内部的职责分工如下:_____。

5. 本协议书自签署之日起生效,合同履行完毕后自动失效。

6. 本协议书一式_____份,联合体成员和招标人各执一份。

注:本协议书由委托代理人签字的,应附法定代表人签字的授权委托书。

牵头人名称:_____(盖单位章)
法定代表人或其委托代理人:_____(签字)

成员一名称:_____(盖单位章)
法定代表人或其委托代理人:_____(签字)

成员二名称:_____(盖单位章)
法定代表人或其委托代理人:_____(签字)

_____年___月___日

7. 施工组织设计

投标人编制施工组织设计的要求：编制时应采用文字并结合图表形式说明施工方法；拟投入本标段的主要施工设备情况、拟配备本标段的试验和检测仪器设备情况、劳动力计划等；结合工程特点提出切实可行的工程质量、安全生产、文明施工、工程进度、技术组织措施，同时应对关键工序、复杂环节重点提出相应技术措施，如冬雨期施工技术、减少噪声、降低环境污染、地下管线及其他地上地下设施的保护加固措施等。

五、投标文件的递交

递交投标文件也称递标，是指投标商在规定的投标截止日期之前，将准备好的所有投标文件密封递送到招标单位的行为。

所有的投标文件必须反复校核、审查并签字盖章，特别是投标授权书要由具有法人地位的公司总经理或董事长签署、盖章；投标保函在保证银行行长签字盖章后，还要由投标人签字确认。然后按投标须知要求，认真细致地分装密封包装起来，由投标人亲自在截标之前送交招标的收标单位；或者通过邮寄递交。邮寄递交要考虑路途中的时间，并且注意投标文件的完整性，一次递交、迟交或文件不完整都将导致文件作废。

有许多工程项目的截止收标时间和开标时间几乎同时进行，交标后立即组织当场开标。迟交的标书即宣布为无效。因此，不论采用什么方法送交标书，一定要保证准时送达。对于已送出的标书若发现有错误要修改时，可致函、发紧急电报或电传通知招标单位，修改或撤销投标书的通知不得迟于招标文件规定的截止时间。总而言之，要避免因为细节的疏忽与技术上的缺陷使投标文件失效或无利中标。

至于招标者，在收到投标商的投标文件后，应签收或通知投标商已收到其投标文件，并记录收到日期和时间；同时，在收到投标文件到开标之前，所有投标文件均不得启封，并应采取措施确保投标文件的安全。

第二节 投标报价程序方法

一、投标报价程序

(一)投标报价前期的调查研究,收集信息资料

调查研究主要是对投标和中标后履行合同有影响的各种客观因素、业主、监理工程师的资信以及工程项目的具体情况等进行深入细致的了解和分析。包括:

(1)政治和法律方面。

(2)自然条件。项目的自然条件是指项目所在地及其他气候、水文、地质等对项目进展和费用有影响的一些因素。

(3)工程项目方面的情况。

1)项目的社会环境。项目的社会环境是指国家的政治经济形势、建筑市场的繁荣程度,竞争的激烈程度,与建筑市场或该项目的有关国家政策、法令、法规、税收制度及银行贷款利率等方面的情况。

2)项目的自然条件。项目的自然条件是指项目所在地及其他气候、水文、地质等对项目进展和费用有影响的一些因素。

3)项目的社会经济条件。主要包括交通运输、原材料及构配件供应、水电供应、工程款的支付、劳动力的供应等各方面条件。

(4)企业技术方面的实力。即投标者是否拥有各类专业技术人才、熟练工人、技术装备以及类似工程经验,来解决工程施工中所遇到的技术难题。

(5)企业经济方面的实力。包括垫付资金的能力、购买项目所需新的大型机械设备的能力、支付施工用款的周转资金的多少、支付各种担保费用以及办理纳税和保险的能力等。

(6)管理水平。管理水平是指是否拥有足够的管理人才、运转灵活的组织机构、各种完备的规章制度、完善的质量及进度保证体系等。

(7)社会信誉。社会信誉的建立不是一朝一夕的事,是需要平时保质、按期地完成工程项目来逐步建立。

(8)发包方和监理工程师的情况。是指发包方的合法地位、支付能力及履约信誉等情况;监理工程师处理问题的公正性、合理性、是否易于合作等。

(二)对是否投标做出决定

研究的主要内容主要有以下几方面:

(1)承包项目的可行性与可能性;本企业是否有承建能力,能否抽出管理技术人员。

(2)招标项目的可靠性;审批手续是否完成,资金是否到位。

(3)招标项目的承包条件是否苛刻。

(三)研究招标文件并制定施工方案

(1)研究招标文件:了解内容和要求,以便有针对性地安排投标工作。

(2)制定施工方案:这是报价的前提,主要考虑施工方法、施工机具的配置,现场管理人员和劳动力的安排平衡等,以及施工进度和分批竣工安排,安全措施。技术和工期要有吸引力,同时降低成本。

(3)研究合同主要条款,明确中标后应承担的义务和责任及应享有的权利,重点是明确承包方式、开竣工时间及工期奖罚,材料供应及价款结算办法,预付款的支付和工程款结算办法,工程变更及停工、窝工损失处理办法等。对于国际招标的工程项目,还应研究支付工程款所用的货币种类、不同货币所占比例及汇率。由于这些因素或者关系到施工方案的安排,或者关系到资金的周转,最终都会反映在投标报价上,因此都须认真研究,以利于减少或避免风险。

(4)熟悉投标须知,明确了解在投标过程中,投标单位应在什么时间做什么事和不允许做什么事,目的在于提高效率,避免造成废标,徒劳无功。

(四)投标报价的匡算

投标报价的编制有以下几个步骤,首先是在充分研究招标文件的各项技术规定基础上,核实工程量清单。招标文件中通常都附有工程量表,投标人应根据图纸仔细核算工程量,当发现相差较大时,投标人不能随便改动工程量,应致函或直接找业主澄清。其次是投标报价各组成部分的估算。按照投标价的构成应对标价的各个部分进行计算,包括人工工资单价、材料单价、施工机械台班单价、施工管理费、其他费用等。最后是工程定额的选用和标价的计算。根据工程的性质确定编制报价所依据的定额,根据施工方法确定参照定额子目,根据工程所在地和企业性质确定取费标准,然后按照常规的预算编制办法编制初步的报价。表 3-8 为我国投标报价模式。

表 3-8　　　　　　　　　投标报价模式

招标模式＼编标办法	工程量清单报价模式		
	直接费单价法	全费用单价法	综合单价法
单价法	套分项单价 计算直接费 计算取费 汇总报价	套分项单价 计算直接费 计算分摊费用 分摊管理费和利润 得到分项综合单价 计算其他费用 汇总报价	套分项单价 计算直接费 计算所得分摊费用 分摊费用 汇总报价
实物量法	计算各分项资源消耗量 套用市场价格 计算直接费 按实计算其他费用 汇总报价	计算各分项资源消耗量 套用市场价格 计算直接费 按实计算分摊费用 分摊管理费和利润 得到分项综合单价 计算其他费用 汇总报价	计算各分项资消耗量 套用市场价格 计算直接费 核实计算分摊费用 分摊费用 汇总报价

(五)投标报价的竞争性分析与决策

根据既定的工程施工方案制定的概预算得出的是工程的预算造价,在此基础上,还要对这一报价进行静态分析。根据经验数据总结出来的费用比例结构分析这一基本报价的合理性并对其进行调整，然后再综合考虑自己的整体战略要求和经营状况以及对投标预期利润的要求。因为市场波动、工程施工方案可能出现的调整等因素造成的材料、设备和人员费用、汇率等的变动风险，以及难以预测的其他一些风险，都会对造价产生影响，因此应该对工程预算造价进行动态分析和调整。最后根据业主的期望和竞标对手可能采取的投标报价策略，做出竞争性的报价调整策略。竞争性分析和决策的过程实质上是一个综合考虑自身利益、业主偏好以及竞争对手策略的非常复杂的报价决策过程。决策的过程一般为定性和定量相互结合的过程，研究的方法一般有效用理论、多目标决策技术、AHP方法以及博弈论和信息经济学等研究。

(六)投标文件的编制与递交

在对工程投标报价的方案做出决策后，就可以编写正式的标书。其格式一般由招标单位制定，投标单位在填写前应仔细研究"投标须知"，按规定的要求编制和报送。编制完后，投标单位应由法人签名并盖公章，然后密封，在投标截止日期前送到指定的地方。

二、投标报价的技巧及决策

(一)投标报价技巧的分类

报价是确定中标人的主要条件之一，但不是唯一的条件。一般来说，在工期、质量、社会信誉相同的条件下，招标人以选择最低标为好。但是企业也不能单纯追求报价最低，应当在评价标准和项目本身条件所决定的因素上充分地考虑报价的策略。

一般在下列情况报价可高一些：施工条件差（比如场地狭窄、地处闹市等）的工程；专业要求高且技术密集型工程，而本公司在这方面也有专长；总价低的小工程；自己不愿意做而被邀请投标时，不便于不投标的工程；特殊工程（如港口码头工程、地下开挖工程等）；业主对工期要求紧急的工程；投标对手少的工程；支付条件不理想的工程等。

下述情况报价应低一些：施工条件好的工程，工作简单、工程量大而一般公司都可以做的工程,如大量的土石方工程、一般的房建工程等;本公司急于打入某一市场、某一地区,或在某地区经营多年,但即将面临没有工程的情况;附近有工程而本项目可利用该项工程的设备、劳务或有条件短期内突击完成的;投标对手多,竞争力强的工程;支付条件好的工程等。

评价标准要考虑企业自身的资质、能力优势和劣势。在此基础上对报价做深入细致地分析,最后做出报价决策,即报价上浮或下浮的比例,决定最后的报价。在实际过程中一般采用以下报价技巧。

1. 不平衡报价法

不平衡报价法是指一个工程项目的投标报价,在总价基本确定后将如何调整内部各个项目的报价,以期既不提高总价,不影响中标,又能在结算时得到更理想的经济效益。就拟定时间而言,有以下几种方法,见表3-9。

表3-9

序号	方法	内容
1	早期摊入法	将投标期间和开工初期需发生的费用全部摊入早期完工的分部分项工程中。这些费用有投标期间的各种开支、投标保函手续费、工程保险费、部分临时设施费、由承包商承担的监理设施费、施工队伍调遣费、临时工程及其他开支费用。采用不平衡报价法时,可以将工程量清单中的这些费用支付项目适当提高报价,由于这些费用支付时间较早(通常在开工初期支付),这样报价便于承包商尽早收回成本或减少周转资金
2	递减摊入法	将施工前期发生较多而后逐步减少的一些费用,按时间发生逐步减少分摊比例的方法摊入各分项工程中。这些费用有履约保函手续费、贷款利息、部分临时设施费、业务费、管理费
3	递增摊入法	方法与第二项"递减摊入法"相反。这些费用有物价上涨费等费用。当承包商预测物价上涨率在施工后期较高甚至超过银行利率时,可以采用本法来报价
4	平均摊入法	将费用平均分摊到各分项工程单价中,这些费用有意外费用、利润税金等费用

虽然不平衡报价对投标人来说可以降低一定的风险，但报价必须要建立在对工程量清单表中的工程量仔细核对的基础上，特别是对于降低单价的项目，如工程量一旦增多，将造成投标人的重大损失，所以一定要控制在合理的幅度范围内，一般控制在10%以内，以免引起招标人反对，甚至导致个别清单报价不合理而废标。如果不注意这一点，有时招标人会挑选出报价过高的项目，要求投标人进行单价分析，而围绕单价分析中过高的内容压价，以致投标人得不偿失。

2. 突然降价法

投标报价中各竞争对手往往在报价时采取迷惑对手的方法，即先按一般情况报价或报出较高的价格，以表现出自己对该工程兴趣不大，到快投标截止时，再突然降价。采用这种方法时，一定要在准备投标报价的过程中考虑降价的幅度，在临近投标截止日期前，根据情报信息与分析判断，再作最后决策。

应用突然降价法时，一般是采取降价函格式装订在标书中，内容包括：降价系数；降价后的最终报价；降价后的理由。投标人根据招标人的要求，或出于对降价合理性的解释，来决定声明中如何叙述降价的理由。

各工程细目单价在投标书内都有合理的单价分析表，突然降价一定要有合适的理由，并能够取得招标人的认同。比如采取何种措施，可以挖潜增效、节约费用，或者在保证招标人的工期、质量、安全、环保要求目标的前提下，采用新材料、新技术、新工艺、新设备等。

3. 多方案报价法

对于一些招标文件，如果发现工程范围不很明确，条款不清楚或很不公正，或技术规范要求过于苛刻，则要在充分估计投标风险的基础下，按多方案报价法处理。也就是原招标文件报一个价，然后再提出某因素在按某种情况变动的条件下，报价可降低多少，由此可报出一个较低的价。这样可以降低总价，吸引业主。

4. 以退为进报价法

当施工单位在招标文件中发现有不明确的内容,并有可能据此索赔时,可以以退为进,通过报低价先争取中标,再寻找机会进行索赔。这样不仅能增加中标的机会,还可以获得合理的利润。值得注意的是,采用此种方法,要求施工单位有丰富的施工及索赔经验,这两点需同时兼备。

5. 增加建议方案

有时招标文件中规定,可以对原方案提出某些建议。投标者这时应抓住机会,组织一批有经验的设计和施工人员对原招标文件的设计和施工方案仔细研究,提出更为合理的方案,或降低总造价或缩短工期,以吸引业主,促成自己方案中标。如通过研究图纸,发现有明显不合理之处,可提出改进设计的建议和能确实降低造价的措施。在按原方案报价的同时,再按建议方案报价。但要注意建议方案不要写得太深入、具体,要保留方案的技术关键。同时要强调的是,建议方案一定要比较成熟,有很好的可行性和可操作性。

6. 无利润报价

在竞争优势条件的限制下,有些承包商在算标中根本不考虑利润去夺标。这种方法一般是处于以下情况时采用:①有可能在得标后,将大部分工程包给索价较低的一些分包商;②对于分期建设的项目,先以低价获得首期工程,而后赢得机会创造第二期工程中的竞争优势,并在以后的实施中赚得利润;③较长时期内,承包商没有在建的工程项目,如果再不得标,就难以维持生存。因此,虽然本工程无利可图,但是只要能有一定的管理费维持工程的日常运转,就可设法渡过暂时的困难。

(二)投标报价的决策

1. 投标报价分析决策

初步报价提出后,应对报价的合理性、竞争性、盈利及风险进行分析,从而做出最终报价的决策,从静态分析和动态分析两方面进行。

(1)报价的静态分析。先假定初步报价是合理的,分析报价的各项组成及其合理性。分析步骤如下:

1)分析组价计算书中的汇总数字,并计算其比例指标。

①统计总建筑面积和各单项建筑面积。

②统计材料费用价及各主要材料数量和分类总价,计算单位面积的总材料费用指标和各主要材料消耗指标及费用指标,计算材料费占总报价的比重。

③统计人工费总价及主要工人、辅助工人和管理人员的数量,按报价、工期、建筑面积及统计的工日总数算出单位面积的用工数及单位面积的人工费,并算出按规定工期完成工程时生产工人和全员的平均人月产值和人年产值,计算人工费占总报价的比重。

④统计临时工程费用,机械设备使用费、模板、脚手架和工具等费用,计算它们占总报价的比重,以及分别占购置费的比例,即以摊销形式摊入本工程的费用和工程结束后的残值。

⑤统计各类管理费汇总数,计算它们占总报价的比重,计算利润、贷款利息的总数和所占比例。

⑥如果报价人有意地分别增加了某些风险系数,可以列为潜在利润或隐匿利润提出,以便研讨。

⑦统计分包工程的总价及各分包商的分包价,计算其占总报价和投标人自己施工的直接费用比例,并计算各分包人分别占分包总价的比例,分析各分包价的直接费、间接费和利润。

2)从宏观方面分析报价结构的合理性。判断报价构成是否基本合理,例如分析总的人工费、材料费、机械台班费的合计数与总管理费用的比例关系,人工费与材料费的比例关系,临时设施费及机械台班费与总人工费、材料费、机械费合计数的比例关系,利润与总报价的比例关系。

若发现有不合理的部分,应探明原因,并考虑适当调整某些人工、材料、机械单班台价、定额含量及分摊系统。

3)工期与报价的关系。根据进度计划与报价,计算出月产值、年产值。如果从投标人的实践经验角度判断这一指标过高或者过低,就应当考虑工期的合理性。

4)分析单位面积价格和用工量、用料量的合理性。参照同类工程的经验,如果本工程与同类工程有某些不可比因素,可以扣除不可比因素后进行分析比较,还可以收集当地类似工程的资料,排除某些不可比因素后进行分析对比,并探索本报价的合理性。

5)对明显不合理的报价构成部分进行微观方面的分析检查。重点是从提高工效、改变施工方案、调整工期、压低供货人和分包人的价格、节约管理费用等方面提出可行措施,并修正初步报价,测算出另一个低报价方案。根据定量分析方法可以测算出基础最优报价。

6)将原初步报价方案、低报价方案、基础最优报价方案整理成对比分析资料,提交内部的报价决策人或决策小组研讨。

(2)报价的动态分析。对工程中风险较大的工作内容,采用扩大单价、增加风险费用的方法来减少风险。很多种风险都可能导致工期延误,如管理不善、材料设备交货延误、质量返工、监理工程师的刁难、其他投标人的干扰等而造成工期延误,不但不能索赔,而且可能遭到罚款。由于工期延长可能使占用的流动资金及利息增加,管理费相应增大,工资开支也增多,机具设备使用费用增大。这种增加的开支部分只能用减小利润来弥补,因此,通过多次测算可以得知工期拖延多久利润将全部丧失。

2. 投标决策的影响要素

(1)影响投标决策的企业内部因素。

1)技术方面的实力。

①有精通本行业的估算师、建筑师、工程师、会计师和管理专家组成的组织机构。

②有工程项目设计、施工专业特长,能解决技术难度大的问题和各类工程施工中的技术难题的能力。

③具有同类工程的施工经验。

④有一定技术实力的合作伙伴,如实力强的分包商、合营伙伴和代理人等。技术实力是实现较低的价格、较短的工期、优良的工程质

量的保证,直接关系到企业投标中的竞争能力。

2)经济方面的实力。

①具有一定的垫付资金的能力。

②具有一定的固定资产和机具设备,并能投入所需资金。

③具有一定的周转资金用来支付施工用款。对已完成的工程量需要监理工程师确认后并经过一定手续、一定时间后才能将工程款拨入。

④承担国际工程尚需筹集承包工程所需外汇。

⑤具有支付各种担保的能力。

⑥具有支付各种纳税和保险的能力。

⑦具有承受不可抗力带来的风险。即使属于业主的风险,承包商也会有损失;如果不属于业主的风险,则承包商损失更大,要有财力承担不可抗力带来的风险。

⑧承担国际工程往往需要重金聘请有丰富经验或有较高地位的代理人,以及支付其他"佣金",也需要承包商具有这方面的能力。

(三)投标报价的其他补充策略

1. 标书编制的策略

投标书的编制在整个投标过程中也是重要的一个环节,一份好的投标文件除了内容以外,对于标书的精美策划,国外公司比较重视,投标文件一般要编辑得好,目录、附表、附图清晰,纸质、打印、复印质量好,封面采用专门的文件夹。有的投标文件尽管内容不错,但编辑得不好,显得十分凌乱。有的章、节、条、款也不分,或者不规范。纸幅不标准,复印的质量不清晰,字体选择不适当,使评标人员看起来很不舒服。做好一份标书,要特别注意以下几点:

(1)要有一个清晰的目录;重要的章、节之间有分隔页;除了总目录以外还有分目录;编页要准确,附表、附图都应有编号。这样使评标人员看起来很方便,也容易查找,不会产生厌烦心理。

(2)递交标书的每一页均有投标人法人委托签字,如填写中有错误,需要重新填写,要在修改后签字确认方能生效。

(3)对工程量清单和填报的数字要仔细复核,保证计算无错误。

否则招标人将按照自己的理解进行报价修正,并将修正后的报价参与评标。投标文件的每一要求填写的空格都必须填写,否则视为放弃意见。关键数据不填写,有可能造成废标。

(4)标书中图文并茂,字体清秀,标书装帧精美,能给人留下一丝不苟的印象,这是企业形象的一种表现。

(5)如果招标人同意,可以考虑把标书做成电子文档另行上报,增加吸引力。这也是一种技术优势和企业实力的体现。

(6)标书中的工艺流程图和网络图在编制准确、可靠的基础上,运用色彩,增加观赏性。

(7)业绩表是最有力的广告词,也是帮助业主考虑的很重要的投标资料。

2. 风险防范的策略

招标方式在提高公平竞争机会的同时,也大大增加了投标人的风险。招标方往往利用合同或是招标文件要求,将工程风险转嫁给投标方,也会聘请非常有经验的咨询公司编制严密的招标文件,对投标人的制约条款几乎达到无所不包的地步。因此,投标人在做投标报价时,要做好防范以下风险的工作:

(1)计价失误引起的风险。投标人在编制投标书时,认真地进行各种款项的研究,以及相应的责任对象,这样在最终报价决策时能够做到得体恰当,即应当接受那些基本合理的限制,同时对不合理的制约条款在投标编制中争取埋下伏笔,以便今后中标后利于索赔,减少风险。

(2)指定分包引起的风险。有些项目在中标的同时,投标人必须接受业主指定分包人,并接受对分包项目规定的计算费用的办法。投标人要争取在投标文件或合同文本中就某些重要条款提出具体措施,形成法律文件,防止双方发生摩擦。如果业主向着分包商,势必造成不必要的外部环境恶化,造成经济损失。

(3)工程地质条件风险。通常合同中都会对地质条件带来的风险会有一定的描述,遇到工程地质不良等特殊地质条件而导致费用增加时,承包商将得到合理的补偿。个别情况合同文件中没有此项条款,甚至写明承包商不得以任何理由提出合同价格以外的补偿。投标阶段要仔细分析招标文件,在报价时增加必要的费用,并在投标书中说明清楚。但是具体问题具体对待,防止造成标书不响应。

(4)提供图纸不及时风险。认真检查图纸,防止施工进度延误,以致窝工,而合同条件中又没有相应的补偿规定时带来的麻烦。

(5)材料价格波动造成的风险。由于建材市场的价格波动起伏不定,投标人面临材料波动所造成的风险。

(6)业主的资信风险。业主的资信风险是投标项目应考虑的主要风险,应予以高度重视。资信主要指资金的筹措和社会信誉两个方面。业主的资金筹措方式直接关系到完工后的支付能力。

(7)汇率浮动和外汇管理的风险。在承包国际工程时,国际承包合同都有支付本国货币条款,一般为承包总额的30%。若业主限定承包商要在东道国内购买材料、设备,而承包商又缺乏在合同中保护自己的绝招,一旦东道国货币贬值,会对承包商构成重大的风险。

(8)盲目压价形成的利润风险。投标人求标心切,盲目压价,造成工程严重损失。

第三节 投标报价编制

一、一般规定

(1)投标价应由投标人或受其委托具有相应资质的工程造价咨询人编制。

(2)投标价中除"13 计价规范"中规定的规费、税金及措施项目清单中的安全文明施工费应按国家或省级、行业建设主管部门的规定计价,不得作为竞争性费用外,其他项目的投标报价由投标人自主决定。

(3)投标人的投标报价不得低于工程成本。《中华人民共和国反不正当竞争法》第十一条规定:"经营者不得以排挤对手为目的,以低于成本的价格销售商品。"《中华人民共和国招标投标法》第四十一条规定:"中标人的投标应当符合下列条件……(二)能够满足招标文件的实质性要求,并且经评审的投标价格最低;但是投标价格低于成本的除外。"《评标委员会和评标方法暂行规定》(国家计委等七部委第12号令)第二十一条规定:"在评标过程中,评标委员会发现投标人的报价明显低于其他投标报价或者在设有标底时明显低于标底,使得其投标报价可能低于其个别成本的,应当要求该投标人做出书面说明并提供相关证明材料。投标人不能合理说明或者不能提供相关证明材料的,由评标委员会认定该投标人以低于成本报价竞标,应当否决其投标。"

(4)实行工程量清单招标,招标人在招标文件中提供工程量清单,其目的是使各投标人在投标报价中具有共同的竞争平台。因此,要求投标人必须按招标工程量清单填报价格,工程量清单的项目编码、项目名称、项目特征、计量单位、工程数量必须与招标人招标文件中提供的招标工程量清单一致。

(5)《中华人民共和国政府采购法》第三十六条规定:"在招标采购中,出现下列情形之一的,应予废标……(三)投标人的报价均超过了采购预算,采购人不能支付的。"《中华人民共和国招标投标法实施条例》第五十一条规定:"有下列情形之一者,评标委员会应当否决其投标:……(五)投标报价低于成本或者高于招标文件设定的最高投标限价。"对于国有资金投资的工程,其招标控制价相当于政府采购中的采购预算,且其定义就是最高投标限价,因此投标人的投标报价不能高于招标控制价,否则,应予废标。

二、投标报价编制与复核

(1)投标报价应根据下列依据编制和复核:
1)"13 计价规范"。
2)国家或省级、行业建设主管部门颁发的计价办法。
3)企业定额,国家或省级、行业建设主管部门颁发的计价定额和计价办法。
4)招标文件、招标工程量清单及其补充通知、答疑纪要。
5)建设工程设计文件及相关资料。

6)施工现场情况、工程特点及投标时拟定的施工组织设计或施工方案。

7)与建设项目相关的标准、规范等技术资料。

8)市场价格信息或工程造价管理机构发布的工程造价信息。

9)其他相关资料。

(2)综合单价中应考虑招标文件中要求投标人承担的风险内容及其范围(幅度)产生的风险费用,招标文件中没有明确的,应提请招标人明确。在施工过程中,当出现的风险内容及其范围(幅度)在合同约定的范围内时,合同价款不做调整。

(3)分部分项工程和措施项目中的单价项目,应根据招标文件和招标工程量清单项目中的特征描述确定综合单价。招标工程量清单的项目特征描述是确定分部分项工程和措施项目中的单价的重要依据之一,投标人投标报价时应依据招标工程量清单项目的特征描述确定清单项目的综合单价。招投标过程中,当出现招标工程量清单项目特征描述与设计图纸不符时,投标人应以招标工程量清单的项目特征描述为准,确定投标报价的综合单价。当施工中施工图纸或设计变更与招标工程量清单的项目特征描述不一致时,发、承包双方应按实际施工的项目特征,依据合同约定重新确定综合单价。招标文件中提供了暂估单价的材料,应按暂估的单价计入综合单价;综合单价中应考虑招标文件中要求投标人承担的风险内容及其范围(幅度)产生的风险费用。在施工过程中,当出现的风险内容及其范围(幅度)在合同约定的范围内时,工程价款不做调整。

(4)投标人可根据工程实际情况并结合施工组织设计,对招标人所列的措施项目进行增补。由于各投标人拥有的施工装备、技术水平和采用的施工方法有所差异,招标人提出的措施项目清单是根据一般情况确定的,没有考虑不同投标人的"个性",投标人投标时应根据自身编制的投标施工组织设计或施工方案确定措施项目,对招标人提供的措施项目进行调整。投标人根据投标施工组织设计或施工方案调整和确定的措施项目应通过评标委员会的评审。措施项目中的总价项目应采用综合单价计价。其中安全文明施工费应按国家或省级、行业建设主管部门的规定确定,且不得作为竞争性费用。

(5)其他项目应按下列规定报价:

1)暂列金额应按招标工程量清单中列出的金额填写,不得变动。

2)材料、工程设备暂估价应按招标工程量清单中列出的单价计入综合单价,不得变动和更改。

3)专业工程暂估价应按招标工程量清单中列出的金额填写,不得变动和更改。

4)计日工应按招标工程量清单中列出的项目和数量,自主确定综合单价并计算计日工金额。

5)总承包服务费应依据招标工程量清单中列出的专业工程暂估价内容和供应材料、设备情况,按照招标人提出协调、配合与服务要求和施工现场管理需要自主确定。

(6)规费和税金应按国家或省级、行业建设主管部门的规定计算,不得作为竞争性费用。规费和税金的计取标准是依据有关法律、法规和政策规定制定的,具有强制性。投标人是法律、法规和政策的执行者,不能改变,更不能制定,而必须按照法律、法规、政策的有关规定执行。

(7)招标工程量清单与计价表中列明的所有需要填写单价和合价的项目,投标人均应填写且只允许有一个报价。未填写单价和合价的项目,可视为此项费用已包含在已标价工程量清单中其他项目的单价和合价之中。当竣工结算时,此项目不得重新组价予以调整。

(8)实行工程量清单招标,投标人的投标总价应当与组成已标价工程量清单的分部分项工程费、措施项目费、其他项目费和规费、税金的合计金额相一致,即投标人在投标报价时,不能进行投标总价优惠(或降价、让利),投标人对招标人的任何优惠(或降价、让利)均应反映在相应清单项目的综合单价中。

三、工程量清单投标报价编制实例

按照《建设工程工程量清单计价规范》(GB 50500—2013)的有关规定,本章对投标报价的编制进行介绍。表3-10~表3-27为园林工程投标报价编制实例。

表 3-10　　　　　　　　　　　投标总价封面

_____某园区园林绿化_____ 工程

投 标 总 价

投 标 人：_____××园林公司_____
　　　　　　　　（单位盖章）

××××年××月××日

封-3

表 3-11　　　　　　　　　投标总价扉页

某园区园林绿化　工程

投 标 总 价

招　标　人：　　××开发区管委会　　　

工　程　名　称：　　某园区园林绿化工程　　　

投标总价（小写）：　　473110.14　　　
　　　（大写）：　肆拾柒万叁仟壹佰壹拾元壹角肆分　

投　标　人：　　　××园林公司　　　　
　　　　　　　　　　（单位盖章）

法定代表人
或其授权人：　　　　×××　　　　　
　　　　　　　　　（签字或盖章）

编　制　人：　　　　×××　　　　　
　　　　　　　（造价人员签字盖专用章）

时　　　间：××××年××月××日

表 3-12　　　　　　　　　　　　　总 说 明

工程名称：某园区园林绿化工程　　　　　　　　　　　　　　　　　　第　页共　页

1. 工程概况：本园区位于××区，交通便利，园区中建筑与市政建设均已完成。园林绿化面积约为 850m²，整个工程由圆形花坛、伞亭、连座花坛、花架、八角花坛以及绿地等组成。栽种的植物主要有桧柏、垂柳、龙爪槐、大叶黄杨、金银木、珍珠梅、月季等。

2. 招标范围：绿化工程、庭院工程。

3. 招标质量要求：优良工程。

4. 工程量清单编制依据：本工程依据《建设工程工程量清单计价规范》编制工程量清单，依据××单位设计的本工程施工设计图纸计算实物工程量。

5. 投标人在投标文件中应按《建设工程工程量清单计价规范》规定的统一格式，提供"综合单价分析表""总价措施项目清单与计价表"。

其他：略

表-01

表 3-13　　　　　　　　　　建设项目投标报价汇总表

工程名称：某园区园林绿化工程　　　　　　　　　　　　　　　　　　第　页共　页

序号	单项工程名称	金额（元）	其中：（元）		
			暂估价	安全文明施工费	规费
1	某园区园林绿化工程	473110.14	5550.00	15018.05	17120.57
	合　　计	473110.14	5550.00	15018.05	17120.57

表-02

第三章 清单计价模式下的园林工程投标报价

表 3-14　　　　　　　　**单项工程投标报价汇总表**

工程名称：　　　　　　　　　　　　　　　　　　　　　　　第　页共　页

序号	单项工程名称	金额（元）	其中：(元)		
			暂估价	安全文明施工费	规费
1	某园区园林绿化工程	473110.14	5550.00	15018.05	17120.57
	合　　计	473110.14	5550.00	15018.05	17120.57

表-03

表 3-15　　　　　　　　**单位工程投标报价汇总表**

工程名称：　　　　　　　　　标段：　　　　　　　　第　页共　页

序号	汇总内容	金额（元）	其中:暂估价(元)
1	分部分项工程	227827.85	5550.00
1.1	绿化工程	106894.14	5550.00
1.2	园路、园桥工程	96857.65	
1.3	园林景观工程	24076.06	
1.4			
1.5			

续表

序号	汇总内容	金额(元)	其中:暂估价(元)
2	措施项目	32841.16	—
2.1	安全文明施工费	15018.05	—
3	其他项目	179719.50	—
3.1	暂列金额	50000.00	—
3.2	计日工	22664.00	—
3.3	总承包服务费	7055.50	—
4	规费	17120.57	—
5	税金	15601.06	—
	招标控制价合计＝1+2+3+4+5	473110.14	5550.00

表-04

表 3-16　分部分项工程和单价措施项目清单与计价表

工程名称:某园区园林绿化工程　　　标段:　　　　　　第　页共　页

序号	项目编码	项目名称	项目特征描述	计量单位	工程量	金额(元)		
						综合单价	合价	其中暂估价
			绿化工程					
1	050101001001	整理绿化用地	普坚土	m²	834.32	1.21	1009.53	

续一

序号	项目编码	项目名称	项目特征描述	计量单位	工程量	金额(元)		
						综合单价	合价	其中暂估价
2	050102001001	栽植乔木	桧柏,高1.2~1.5m,土球苗木	株	3	920.15	2760.45	1800.00
3	050102001002	栽植乔木	垂柳,胸径10~12cm,露根乔木	株	6	1048.26	6289.56	
4	050102001003	栽植乔木	龙爪槐,胸径6~10cm,露根乔木	株	5	1286.16	6430.80	3750.00
5	050102001004	栽植乔木	大叶黄杨,胸径5~6cm,露根乔木	株	5	964.32	4821.60	
6	050102002005	栽植乔木	金银木,高1.5~1.8m,露根乔木	株	90	124.68	11221.20	
7	050102002001	栽植灌木	珍珠梅,高1~1.2m,露根灌木	株	60	843.26	50595.60	
8	050102008001	栽植花卉	月季,各色月季,二年生,露地花卉	株	120	69.26	8311.20	
9	050102012001	铺种草皮	野牛草,草皮	m²	466.00	19.15	8923.90	
10	050103001001	喷灌管线安装	主管75UPVC管长21m,直径40YPVC管长35m;支管直径32UPVC管长98.6m	m	154.60	42.24	6530.30	
			分部小计				106894.14	5550.00
		园路、园桥工程						
11	050201001001	园路	200mm厚砂垫层,150mm厚3:7灰土垫层,水泥方格砖路面	m²	180.25	42.24	7613.76	

续二

序号	项目编码	项目名称	项目特征描述	计量单位	工程量	金额(元)		其中 暂估价
						综合单价	合价	
12	040101001001	挖一般土方	普坚土,挖土平均深度350mm,弃土运距100m	m³	61.79	26.18	1617.66	
13	050201003001	路牙铺设	3:7灰土垫层150mm厚,花岗石	m	96.23	85.21	8199.76	
			(其他略)					
			分部小计				17431.18	
			本页小计				203751.79	
			合 计				203751.79	5550.00

注:为计取规费等的使用,可在表中增设"其中:定额人工费"。

表-08

表3-17　　分部分项工程和单价措施项目清单与计价表

工程名称:某园区园林绿化工程　　　标段:　　　　　　第 页共 页

序号	项目编码	项目名称	项目特征描述	计量单位	工程量	金额(元)		其中 暂估价
						综合单价	合价	
		园林景观工程						
14	050304001001	现浇混凝土花架柱、梁	柱6根,高2.2m	m³	2.22	375.36	833.30	
15	050305005001	预制混凝土桌凳	C20预制混凝土桌凳,水磨石面	m	7.00	34.05	238.35	
16	011203003001	零星项目一般抹灰	檩架抹水泥砂浆	m²	60.04	15.88	953.44	

第三章 清单计价模式下的园林工程投标报价

续一

序号	项目编码	项目名称	项目特征描述	计量单位	工程量	金额(元)		其中
						综合单价	合价	暂估价
17	010101003001	挖沟槽土方	挖八角花坛土方,人工挖地槽,土方运距100m	m³	10.64	29.55	314.41	
18	010507007001	其他构件	八角花坛混凝土池壁,C10混凝土现浇	m³	7.30	350.24	2556.75	
19	011204001001	石材墙面	圆形花坛混凝土池壁贴大理石	m²	11.02	284.80	3138.50	
20	010101003002	挖沟槽土方	连座花坛土方,平均挖土深度870mm,普坚土,弃土运距100m	m³	9.22	29.22	269.41	
21	010501003001	现浇混凝土独立基础	3:7灰土垫层,100mm厚	m³	1.06	452.32	479.46	
22	011202001001	柱面一般抹灰	混凝土柱水泥砂浆抹面	m²	10.13	13.03	131.99	
23	010401003001	实心砖墙	M5混合砂浆砌筑,普通砖	m³	4.87	195.06	949.94	
24	010507007002	其他构件	连座花坛混凝土花池,C25混凝土现浇	m³	2.68	318.25	852.91	
25	010101003003	挖沟槽土方	挖坐凳土方,平均挖土深度80mm,普坚土,弃土运距100m	m³	0.03	24.10	0.72	

续二

序号	项目编码	项目名称	项目特征描述	计量单位	工程量	金额(元)		
						综合单价	合价	其中暂估价
26	010101003004	挖沟槽土方	挖花台土方,平均挖土深度640mm,普坚土,弃土运距100m	m³	6.65	24.00	159.60	
27	010501003002	现浇混凝土独立基础	3:7灰土垫层,300mm厚	m³	1.02	10.00	10.20	
28	010401003002	实心砖墙	砖砌花台,M5混合砂浆,普通砖	m³	2.37	195.48	463.29	
			本页小计				11352.27	
			合 计				215104.06	5550.00

注:为计取规费等的使用,可在表中增设"其中:定额人工费"。

表-08

表 3-18　分部分项工程和单价措施项目清单与计价表

工程名称:某园区园林绿化工程　　　　标段:　　　　　　　　　第 页共 页

序号	项目编码	项目名称	项目特征描述	计量单位	工程量	金额(元)		
						综合单价	合 价	其中暂估价
			园林景观工程					
29	010507007003	其他构件	花台混凝土花池,C25混凝土现浇	m³	2.72	324.21	881.85	
30	011204001002	石材墙面	花台混凝土花池池面贴花岗石	m²	4.56	286.23	1305.21	
31	010101003005	挖沟槽土方	挖花墙花台土方,平均深度940mm,普坚土,弃土运距100m	m³	11.73	28.25	331.37	

第三章 清单计价模式下的园林工程投标报价

续一

序号	项目编码	项目名称	项目特征描述	计量单位	工程量	金额(元)		其中
						综合单价	合价	暂估价
32	010501002001	带形基础	花墙花台混凝土基础,C25混凝土现浇	m³	1.25	234.25	292.81	
33	010401003003	实心砖墙	砖砌花台,M5混合砂浆,普通砖	m³	8.19	194.54	1593.28	
34	011204001003	石材墙面	花墙花台墙面贴青石板	m²	27.73	100.88	2797.40	
35	010606013001	零星钢构件	花墙花台铁花饰,—60×6,2.83kg/m	t	0.11	4525.23	497.78	
36	010101003006	挖沟槽土方	挖圆形花坛土方,平均深度800mm,普坚土,弃土运距100m	m³	3.82	26.99	103.10	
37	010507007004	其他构件	圆形花坛混凝土池壁,C25混凝土现浇	m³	2.63	364.58	958.85	
38	011204001004	石材墙面	圆形花坛混凝土池壁贴大理石	m²	10.05	286.45	2878.82	
39	010502001001	矩形柱	钢筋混凝土柱,C25混凝土现浇	m³	1.80	309.56	557.21	
40	011202001002	柱面一般抹灰	混凝土柱水泥砂浆抹面	m²	10.20	13.02	132.80	

续二

序号	项目编码	项目名称	项目特征描述	计量单位	工程量	金额(元)		其中
						综合单价	合价	暂估价
41	011407001001	墙面喷刷涂料	混凝土柱面刷白色涂料	m²	10.20	38.56	393.31	
			分部小计				26263.12	
			措施项目					
42	050401002001	抹灰脚手架	柱面一般抹灰	m²	11.00	6.53	71.83	
			(其他略)					
			分部小计				14647.94	
			本页小计				25184.67	
			合 计				240288.73	5550.00

表-08

表 3-19　　　　　　　　　综合单价分析表

工程名称:某园区园林绿化工程　　　标段:　　　　　　　第 页共 页

项目编码	050102001002	项目名称	栽植乔木,垂柳	计量单位	株	工程量	
清单综合单价组成明细							

定额编号	定额项目名称	定额单位	数量	单价				合价			
				人工费	材料费	机械费	管理费和利润	人工费	材料费	机械费	管理费和利润
EA0921	普坚土种植垂柳	株	1	115.83	800.00	60.83	41.70	115.83	800.00	60.83	41.70
EA0961	垂柳后期管理费	株	1	11.50	12.13	2.13	4.14	11.50	12.13	2.13	4.14
人工单价				小　　计				127.33	812.13	62.96	45.84	
22.47元/工日				未计价材料费				—			

第三章 清单计价模式下的园林工程投标报价

续表

项目编码	050102001002	项目名称	栽植乔木,垂柳	计量单位	株	工程量	
清单项目综合单价					1048.26		

	主要材料名称、规格、型号	单位	数量	单价(元)	合价(元)	暂估单价(元)	暂估合价(元)
材料费明细	垂柳	株	1	796.75	796.75	—	—
	毛竹竿	根	1.000	12.54	12.54		
	水	t	0.680	3.20	2.18		
	其他材料费			—	0.66		
	材料费小计				812.13	—	

表-09

表 3-20 总价措施项目清单与计价表

工程名称:某园区园林绿化工程　　　标段:　　　　　　　　　第　页共　页

序号	项目编码	项目名称	计算基础	费率(%)	金额(元)	调整费率(%)	调整后金额(元)	备注
1	050405001001	安全文明施工费	定额人工费	25	15018.05			
2	050405002001	夜间施工增加费	定额人工费	1.5	901.08			
3	050405004001	二次搬运费	定额人工费	1	600.72			
4	050405005001	冬雨季施工增加费	定额人工费	0.6	360.43			
5	050405007001	地上、地下设施的临时保护设施增加费			1500.00			
6	050405008001	已完工程及设备保护费			2000.00			
		合　计			20380.28			

编制人(造价人员):×××　　　　　复核人(造价工程师):×××

表-11

表 3-21　　　　　　　　其他项目清单与计价汇总表

工程名称：某园区园林绿化工程　　　　标段：　　　　　　　第 页共 页

序号	项目名称	金额(元)	结算金额(元)	备 注
1	暂列金额	50000.00		明细详见表-12-1
2	暂估价	100000.00		
2.1	材料(工程设备)暂估价	—		明细详见表-12-2
2.2	专业工程暂估价	100000.00		明细详见表-12-3
3	计日工	22664.00		明细详见表-12-4
4	总承包服务费	7055.50		明细详见表-12-5
5	索赔与现场签证	—		明细详见表-12-6
	合　计	179719.50		

表-12

表 3-22　　　　　　　　　暂列金额明细表

工程名称：某园区园林绿化工程　　　　标段：　　　　　　　第 页共 页

序号	项 目 名 称	计量单位	暂列金额(元)	备 注
1	工程量清单中工程量变更和设计变更	项	15000.00	
2	政策性调整和材料价格风险	项	25000.00	

续表

序号	项目名称	计量单位	暂列金额(元)	备注
3	其他	项	10000.00	
	合计		50000.00	—

表-12-1

表 3-23　　材料(工程设备)暂估价及调整表

工程名称：某园区园林绿化工程　　　　标段：　　　　　　第　页共　页

序号	材料(工程设备)名称、规格、型号	计量单位	数量 暂估	数量 确认	暂估(元) 单价	暂估(元) 合价	确认(元) 单价	确认(元) 合价	差额±(元) 单价	差额±(元) 合价	备注
1	桧柏	株	3		600.00	1800.00					用于栽植桧柏项目
2	龙爪槐	株	5		750.00	3750.00					用于栽植龙爪槐项目
	合计					5550.00					

表-12-2

表 3-24　　　　　　　　专业工程暂估价及结算价表

工程名称：某园区园林绿化工程　　　　标段：　　　　　　第　页　共　页

序号	工程名称	工程内容	暂估金额（元）	结算金额（元）	差额±（元）	备注
1	园林广播系统	合同图纸中标明及技术说明中规定的系统中的设备、线缆等的供应、安装和调试工作	100000.00			
		合　计	100000.00			

表-12-3

表 3-25　　　　　　　　　　计日工表

工程名称：某园区园林绿化工程　　　　标段：　　　　　　第　页　共　页

编号	项目名称	单位	暂定数量	实际数量	综合单价（元）	合价(元)	
						暂定	实际
一	人工						
1	技工	工日	40		120.00	4800.00	

第三章 清单计价模式下的园林工程投标报价

续表

编号	项目名称	单位	暂定数量	实际数量	综合单价(元)	合价(元) 暂定	合价(元) 实际
2							
人工小计						4800.00	
二	材料						
1	42.5级普通水泥	t	15.000		300.00	4500.00	
2							
材料小计						4500.00	
三	施工机械						
1	汽车起重机 20t	台班	5		2500.00	12500.00	
2							
施工机械小计						12500.00	
四、企业管理费和利润 按人工费18%计						864.00	
总 计						22664.00	

表-12-4

表 3-26　　　　　总承包服务费计价表

工程名称：某园区园林绿化工程　　　标段：　　　　　　　第　页共　页

序号	项目名称	项目价值/元	服务内容	计算基础	费率(%)	金额(元)
1	发包人发包专业工程	100000.00	1. 按专业工程承包人的要求提供施工工作面并对施工现场统一管理,对竣工资料统一管理汇总。 2. 为专业工程承包人提供焊接电源接入点并承担电费	项目价值	7	7000.00

续表

序号	项目名称	项目价值/元	服务内容	计算基础	费率(%)	金额(元)
2	发包人提供材料	5550.00		项目价值	1	55.50
	合 计	—	—		—	7055.50

表-12-5

表 3-27　　　　　规费、税金项目计价表

工程名称：某园区园林绿化工程　　　　标段：　　　　　　第　页共　页

序号	项目名称	计算基础	计算基数	计算费率(%)	金额(元)
1	规费	定额人工费			17120.57
1.1	社会保险费	定额人工费	(1)+(2)+(3)+(4)+(5)		13516.24
(1)	养老保险费	定额人工费		14	8410.11
(2)	失业保险费	定额人工费		2	1201.44
(3)	医疗保险费	定额人工费		6	3604.33
(4)	工伤保险费	定额人工费		0.25	150.18

第三章 清单计价模式下的园林工程投标报价

续表

序号	项目名称	计算基础	计算基数	计算费率(%)	金额(元)
(5)	生育保险费	定额人工费		0.25	150.18
1.2	住房公积金	定额人工费		6	3604.33
1.3	工程排污费	按工程所在地环境保护部门收取标准,按实计入			
2	税金	分部分项工程费＋措施项目费＋其他项目费＋规费－按规定不计税的工程设备金额		3.41	15601.06
	合　计				32721.63

编制人(造价人员):×××　　　　　　　　复核人(造价工程师):×××

表-13

第四章 绿化工程工程量计算

第一节 绿化工程概述

园林绿化是为人们提供一个良好的休息、文化娱乐、亲近大自然、满足人们回归自然愿望的场所,是保护生态环境、改善城市生活环境的重要措施。园林绿化泛指园林城市绿地和风景名胜区中涵盖园林建筑工程在内的环境建设工程,包括园林建筑工程、土方工程、园林筑山工程、园林理水工程、园林铺地工程、绿化工程等,它应用工程技术来表现园林艺术,使地面上的工程构筑物和园林景观融为一体。

绿化工程常用图例如下:

(1)园林绿地规划设计图例。园林绿地规划设计图例见表 4-1。

表 4-1　　　　　园林绿地规划设计图例

序号	名称	图例	说明
1	规划的建筑物		用粗实线表示
2	原有的建筑物		用细实线表示
3	规划扩建的预留地或建筑物		用中虚线表示
4	拆除的建筑物		用细实线表示
5	地下建筑物		用粗虚线表示

续一

序号	名称	图例	说明
6	坡屋顶建筑		包括瓦顶、石片顶、饰面砖顶等
7	草顶建筑或简易建筑		
8	温室建筑		玻璃等透光材料作屋顶
9	自然形水体		
10	规则形水体		
11	跌水、瀑布		
12	旱涧		旱季一般无水或断续有水的山涧
13	溪涧		山间两岸多石滩的小溪
14	护坡		
15	挡土墙		突出的一侧表示被挡土的一方

续二

序号	名称	图例	说明
16	排水明沟	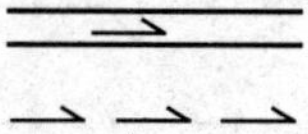	上图用于比例较大的图面 下图用于比例较小的图面
17	有盖的排水沟	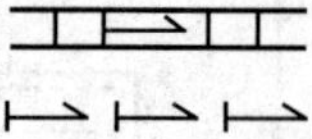	上图用于比例较大的图面 下图用于比例较小的图面
18	雨水井		
19	消火栓井		
20	喷灌点		固定设置在绿地中的喷水灌溉设备点
21	道路		
22	铺装路面		铺砌装饰性材料的路面
23	台阶		箭头指向表示向上
24	铺砌场地	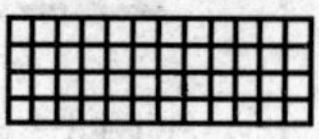	可依据设计形态表示

第四章　绿化工程工程量计算　　　　·119·

续三

序号	名称	图例	说明
25	车行桥	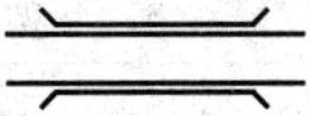	可依据设计形态表示
26	人行桥	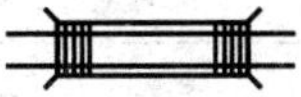	
27	亭桥	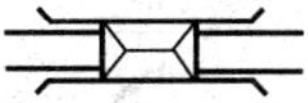	
28	铁索桥		
29	汀步	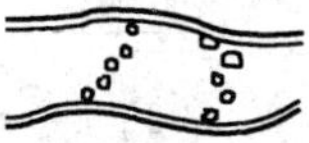	
30	涵洞	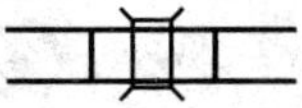	
31	水闸	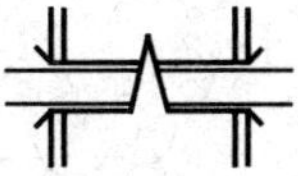	
32	码头	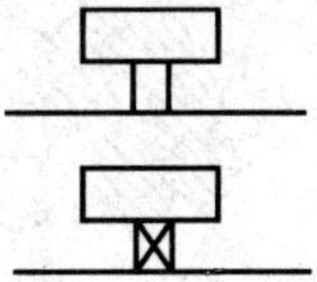	上图为固定码头 下图为浮动码头
33	驳岸	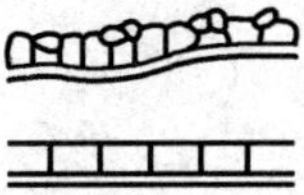	上图为假山石自然式驳岸 下图为整形砌筑规划式驳岸

(2)种植工程常用图例。种植工程常用图例见表 4-2～表 4-4。

表 4-2　　　　　　　　　　　植物形态

序号	名　称	图　例	说　明
1	落叶阔叶乔木		落叶乔、灌木均不填斜线；常绿乔、灌木加画45°细斜线。 阔叶树的外围线用弧裂形或圆形线；针叶树的外围线用锯齿形或斜刺形线。 乔木外形成圆形；灌木外形成不规则形。 乔木图例中粗线小圆表示现有乔木，细线小十字表示设计乔木；灌木图例中黑点表示种植位置。 凡大片树林可省略图例中的小圆、小十字及黑点
2	常绿阔叶乔木		
3	落叶针叶乔木		
4	常绿针叶乔木		
5	落叶灌木		
6	常绿灌木		
7	阔叶乔木疏林		
8	针叶乔木疏林		
9	阔叶乔木密林		

续一

序号	名　称	图　例	说　明
10	针叶乔木密林		
11	落叶灌木疏林		
12	落叶花灌木疏林		
13	常绿灌木密林		
14	常绿花灌木密林		
15	自然形绿篱		
16	整形绿篱		席纹线
17	镶边植物		泛指装饰路边或花坛边缘的带状花卉
18	一、二年生草木花卉		

续二

序号	名称	图例	说明
19	多年生及宿根草木花卉		
20	一般草皮		
21	缀花草皮		
22	整形树木		
23	竹丛		
24	棕榈植物		
25	仙人掌植物		
26	藤本植物		
27	水生植物		

表 4-3　　　　　　　　　　　枝干形态

序号	名称	图例	说明
1	主轴干侧分枝形		
2	主轴干无分枝形		
3	无主轴干多枝形		
4	无主轴干垂枝形		
5	无主轴干丛生形		
6	无主轴干匍匐形		

表 4-4　　　　　　　　　　　树冠形态

序号	名称	图例	说明
1	圆锥形		树冠轮廓线,凡针叶树用锯齿形表示;凡阔叶树用弧裂形表示
2	椭圆形		
3	圆球形		
4	垂枝形		
5	伞形		
6	匍匐形		

(3)城市绿地系统规划图例。城市绿地系统规划图例见表 4-5。

第四章 绿化工程工程量计算

表 4-5　　　　　　　　　　城市绿地系统规划图例

序号	名称	图例	说明
		工程设施	
1	电视差转台		
2	发电站		
3	变电所		
4	给水厂		
5	污水处理厂		
6	垃圾处理站		
7	公路、汽车游览路		上图以双线表示，用中实线 下图以单线表示，用粗实线
8	小路、步行游览路		上图以双线表示，用细实线 下图以单线表示，用中实线
9	山地步行小路		上图以双线加台阶表示，用细实线；下图以单线表示，用虚线
10	隧道		
11	架空索道线		
12	斜坡缆车线		

续一

序号	名　称	图　例	说　明
13	高架轻轨线		
14	水上游览线	----------	用细虚线表示
15	架空电力电信线	—o—代号—o—	粗实线中插入管线代号,管线代号按现行国家有关标准的规定标注
16	管　线	——代号——	
用地类型			
17	村镇建设地	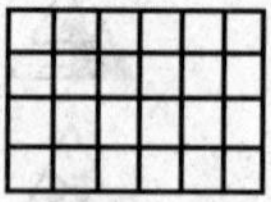	
18	风景游览地	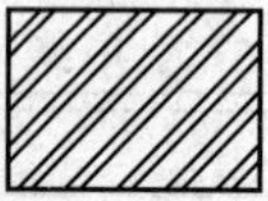	图中斜线与水平线成45°角
19	旅游度假地		
20	服务设施地	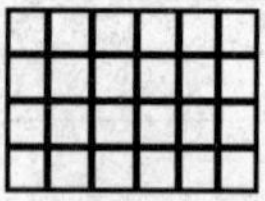	
21	市政设施地	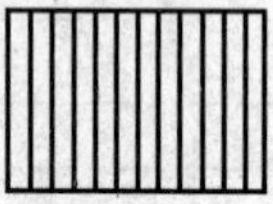	
22	农业用地		

续二

序 号	名 称	图 例	说 明
23	游憩、观赏绿地		
24	防护绿地		
25	文物保护地		包括地面和地下两大类,地下文物保护地外框用粗虚线表示
26	苗圃花圃用地		
27	特殊用地		
用地类型			
28	针叶林地		需区分天然林地、人工林地时,可用细线界框表示天然林地,粗线界框表示人工林地
29	阔叶林地		
30	针阔混交林地		
31	灌木林地		

续三

序号	名称	图例	说明
32	竹林地		
33	经济林地		
34	草原、草甸		

第二节 绿地整理

一、绿地整理清单项目设置及工程量计算说明

1. 绿地整理清单项目设置

绿地整理工程清单项目设置、项目特征描述的内容、计量单位、工程量计算规则及工作内容应按《园林绿化工程工程量计算规范》(GB 50858—2013)中 A.1 的规定执行,内容详见表 4-6。

表 4-6　　　　　　　　　　绿地整理(编码 050101)

项目编码	项目名称	项目特征	计量单位	工程量计算规则	工作内容
050101001	砍伐乔木	树干胸径	株	按数量计算	1. 砍伐 2. 废弃物运输 3. 场地清理
050101002	挖树根(蔸)	地径			1. 挖树根 2. 废弃物运输 3. 场地清理

第四章 绿化工程工程量计算

续一

项目编码	项目名称	项目特征	计量单位	工程量计算规则	工作内容
050101003	砍挖灌木丛及根	丛高或蓬径	1. 株 2. m²	1. 以株计量,按数量计算 2. 以平方米计算,按面积计算	1. 砍挖 2. 废弃物运输 3. 场地清理
050101004	砍挖竹及根	根盘直径	株(丛)	按数量计算	
050101005	砍挖芦苇(或其他水生植物)及根	根盘丛径	m²	按面积计算	
050101006	清除草皮	草皮种类			1. 除草 2. 废弃物运输 3. 场地清理
050101007	清除地被植物	植物种类			1. 清除植物 2. 废弃物运输 3. 场地清理
050101008	屋面清理	1. 屋面做法 2. 屋面高度		按设计图示尺寸以面积计算	1. 原屋面清扫 2. 废弃物运输 3. 场地清理
050101009	种植土回(换)填	1. 回填土质要求 2. 取土运距 3. 回填厚度 4. 弃土运距	1. m³ 2. 株	1. 以立方米计量,按设计图示回填面积乘以回填厚度以体积计算 2. 以株计量,按设计图示数量计算	1. 土方挖、运 2. 回填 3. 找平、找坡 4. 废弃物运输

续二

项目编码	项目名称	项目特征	计量单位	工程量计算规则	工作内容
050101010	整理绿化用地	1. 回填土质要求 2. 取土运距 3. 回填厚度 4. 找平找坡要求 5. 弃渣运距	m²	按设计图示尺寸以面积计算	1. 排地表水 2. 土方挖、运 3. 耙细、过筛 4. 回填 5. 找平、找坡 6. 拍实 7. 废弃物运输
050101011	绿地起坡造型	1. 回填土质要求 2. 取土运距 3. 起坡平均高度	m³	按设计图示尺寸以体积计算	1. 排地表水 2. 土方挖、运 3. 耙细、过筛 4. 回填 5. 找平、找坡 6. 废弃物运输
050101012	屋顶花园基底处理	1. 找平层厚度、砂浆种类、强度等级 2. 防水层种类、做法 3. 防水层厚度、材质 4. 过滤层厚度、材质 5. 回填轻质土厚度、种类 6. 屋面高度 7. 阻根层厚度、材质、做法	m²	按设计图示尺寸以面积计算	1. 抹找平层 2. 防水层铺设 3. 排水层铺设 4. 过滤层铺设 5. 填轻质土壤 6. 阻根层铺设 7. 运输

2. 工程量计算说明

整理绿化用地项目包含厚度≤300mm 的回填土、厚度>300mm 的回填土,应按国家现行标准《房屋建筑与装饰工程工程量计算规范》(GB 50854—2013)相应项目编码列项。

二、绿地整理清单项目特征描述

1. 砍伐乔木、挖树根（蔸）

乔木是指树身高大、由根部发生独立的主干、树干和树冠有明显区分、有一个直立主干且高达 6m 以上的木本植物。

砍伐乔木、挖树根（蔸）常见的方法有预先断根法,又称回根法,适用于野生大树或具有较高观赏价值的树木的移植,一般是在移植前 1~3 年的春季或秋季,以树干为中心,2.5~3 倍胸径为半径或小于移植时土球尺寸为半径划一个圆形或方形,再在相对的两面向外挖 30~50cm 宽的沟（其深度则视根系分布而定,一般为 60~100cm）,对较粗的根应用锋利的锯或剪齐平内壁切断,然后用沃土（最好是沙壤土或壤土）填平,分层踩实,定期浇水,这样便会在沟中长出许多须根。到第二年的春季或秋季时,再以同样的方法挖掘另外相对的两面,到第三年时,待四周沟中均长满了须根,这时便可移走。挖掘时应从沟的外缘开挖,断根的时间因各地气候条件的差异而有所不同。

2. 砍挖灌木丛及根

落叶花灌木,如玫瑰、珍珠梅、木槿、榆叶梅、碧桃、紫叶李等,掘出根部的直径为苗木高度的 1/3 左右。

砍挖灌木丛前应进行场地清理,主要内容有拆除所有弃用的建筑物和构筑物以及所有无用的地表杂物;拆除原有架空电线、埋地电缆、自来水管、污水管、煤气管时,必须先与有关部门取得联系,办理好拆除手续之后才能进行。

丛高指灌木丛顶端距地坪的高度。

蓬径应为灌木、灌丛垂直投影面的直径。

3. 砍挖竹及根

(1) 丛生竹。

丛生竹是指密聚地生长在一起、结构紧凑、株间间隙小的竹子。

挖掘丛生竹母竹。丛生茎竹类无地下鞭茎,其笋芽生长在竹竿两侧。竿基与较其老1~2年的植株相连,新竹互生枝伸展方向与其相连的老竹枝条伸展方向正好垂直,而新竹梢部则倾向于老竹外侧。故宜在竹丛周围选取丛生茎竹类母竹,以便挖掘。先在选定的母竹外围距离17~20cm处挖,并按前述新老竹相连的规律,找出其竿基与竹丛相连处,用利刀或利锄靠竹丛方向砍断,以保护母竹竿基两侧的笋牙,要挖至自倒为止。母竹倒下后仍应切竿,包扎或湿润根部,防止根系干燥,否则不易成活。

(2) 散生竹。

散生竹是指分散生长,每根竹子间互不相连,株间有一定间距的竹子。

挖掘散生竹母竹。常用的工具是锋利山锄,挖掘时先在要挖掘的母竹周围轻挖、浅挖,找出鞭茎。宜先按竹株最下一盘枝丫生长方向找,找到后,分清来鞭和去鞭,留来鞭长33cm,去鞭长45~60cm,面对母竹方向用山锄将鞭茎截断。这样可使截面光滑,鞭茎不致劈裂。鞭上必须带有3~5个健壮鞭芽。截断后再逐渐将鞭两侧土挖松,连同母竹一起掘出。挖出的母竹应留枝丫5~7盘,斩去顶梢。根盘直径指根盘的最大幅度和最小幅度之间的平均直径。

4. 砍挖芦苇(或其他水生植物)及根

芦苇是多年水生或湿生的高大禾草,生长在灌溉沟渠旁、河堤沼泽地等。芦苇有发达的匍匐根茎,茎秆直立,秆高1~3m,节下常生白粉。叶鞘圆筒形,无毛或有细毛。

芦苇根细长、坚韧,因此,砍挖芦苇的挖掘工具要锋利,芦苇根必须清除干净。

5. 清除草皮

草皮又称草坪,是指以人为栽植、人工选育的草种作为矮生密集型的植被,经养护修剪形成的整齐均匀的起绿化保洁和美化城市作用的草地。

(1)草皮种类有以下几种:

1)按草皮来源区分。

①天然草皮。这类草皮取自于天然草地上。一般是将自然生长的草地修剪平整,然后平铲为不同大小、不同形状的草皮,以供出售或自己铺设草坪。这类草皮管理比较粗放,一般用于铺植水土保持地或道路绿化。

②人工草皮。人工种子直播或用营养繁殖体建成的草皮。人工草皮成本要比天然草皮的高,管理较精细,但草皮质量好,整齐美观,能满足不同的需要。

2)按不同的区域区分。

①冷季型草皮。由冷季型草坪草繁殖生产的草皮就称为冷季型草皮,也叫作"冬绿型草皮"。这类草皮的耐寒性较强,在部分地区冬期常绿,但夏季不耐炎热,在春、秋两季生长旺盛,非常适合在我国北方地区铺植,如早熟禾草皮、高羊茅草皮、黑麦草草皮等。

②暖季型草皮。由暖季型草坪草繁殖生产的草皮就称为暖季型草皮,也叫作"夏绿型草皮"。这类草皮冬期呈休眠状态,早春开始返青,复苏后生长旺盛。进入晚秋,一经霜害,其草的茎叶就会枯萎退绿,如天鹅绒草皮、狗牙根草皮、地毯草草皮等。

3)按培植年限的不同区分。

①一年生草皮。指草皮的生产与销售在同一年进行。一般是春季播种,经过3~4个月的生长后,就可于夏季出圃。

②越年生草皮。指在第一年夏末播种,于第二年春天出售的草皮,越年生产草皮既可以减少杂草的危害,降低养护成本,又可以在早春就出售草皮,满足春季建植草坪绿地的需要。

4)按草皮的使用目的区分。

①观赏草皮。指在园林绿地中专门用于欣赏的装饰性草坪。观赏草坪是一种封闭式草坪,一般不允许游人入内游憩或践踏,专供观

赏用,因此,铺植此类草坪的草皮管理要求比较精细,严格控制杂草生长和病虫害危害,以防降低观赏价值。所选草种多是低矮、纤细、绿期长的草坪植物,以细叶草类为最佳。

②休闲草皮。指用来铺植休息性质草坪的草皮,这种草坪的绿地中没有固定的形状,面积可大可小,管理粗放,通常允许人们入内游憩活动。这种性质的草坪一般利用自然地形排水,内部可配植乔木、灌木、花卉及地被植物或小品景观。选用的草皮草种多具有生长低矮、叶片纤细、叶质高、草姿美的特性。

③运动场草皮。指供体育活动的场所,如足球场、网球场、高尔夫球场、儿童游戏场等地用的草皮。生产运动场草皮的草种耐践踏性特别强,弹性好并能耐频繁修剪,如草地早熟禾草皮、高羊茅草皮等。

④水土保持草皮。指在坡地、水岸、公路、堤坝、陡坡等地铺植的草皮。这类草皮的作用主要是保持水土,因此,一般所选草种需适应性强、根系发达、草层紧密、耐旱、耐寒、抗病虫害能力强。

5)按栽培基质的不同区分。

①普通草皮。指以壤土为栽培基质的草皮,具有生产成本较低的特点,但因为每出售一茬草皮,就要带走一层表土,如此下去,就会使土壤的生产能力大大减弱,因此对土壤破坏力比较大。这也是草皮生产中有待解决的问题。

②轻质草皮。又称为无土草皮,指采用轻质材料或容易消除的材料,如河沙、泥炭、半分解的纤维素、蛭石、炉渣等为栽培基质的草皮。具有重量轻、便于运输、根系保存完好、移植恢复生长快等特点,而且能保护土壤耕作层,因此,是我国发展优质草皮的一个方向。

6)按草皮植物的组合不同区分。

①单纯草皮。又称为单一草皮,指由一种草本植物组成的草皮,单一草皮具有整齐美观、低矮稠密、叶色一致的特点,需要比较精细的养护管理。

②混合草皮。指由多种草本植物混合建植而形成的草皮。混合草皮的适应性和抗撕拉性都很强,非常适合于管理比较粗放的草坪

绿地。

另外,还可以根据繁殖材料的不同,分为种子草皮和营养体草皮。而种子草皮又可以依据草种的不同,分为以各草种的名称命名的不同种类的草皮,如早熟禾草皮、黑麦草草皮、狗牙根草皮等。

(2)除草方式有以下三种:

1)人工中耕除草。人工除草灵活方便,适应性强,适合于各种作业区域,而且不会发生各类明显事故。但人工除草效率低,劳动强度大,除草质量差,对苗木伤害严重,极易造成苗木染病。一般只适用于面积比较小的区域。

2)机械中耕除草。目前广泛使用的是各种类型的手扶园艺拖拉机,也有少部分地区使用高地隙中大型拖拉机进行中耕除草,它可以代替部分笨重的体力劳动,且工作效率较高,尤其在春秋季节,疏松土壤有利于提高地温。但是机械除草,株间是中耕不到的,而株间的杂草由于距苗根较近,对苗木的生长影响也较大。而且雨季气温高、湿度大,是杂草生长旺季,但由于土壤含水量过高,机械不能进田作业。

3)化学除草。化学除草是通过喷撒化学药剂达到杀死杂草或控制杂草生长的一种除草方式。具有简便、及时、有效期长、效果好、成本低、省劳力、便于机械化作业等优点。但化学除草是一项专业技术性很强的工作,既要具备化学农药、杂草专业、育苗栽培的知识,还要懂得土壤、肥料、农机等专业知识。尤其是园林苗圃,涉及树种、繁殖方法类型多,没有一定的技术能力,推广、使用化学除草是极易发生事故的。因此,推广、使用时必须遵循从小规模开始,先易后难、由浅入深的原则,逐步推广,而且要将实际情况做详细记载,以便不断地总结经验,推动化学除草的发展。

6. 清除地被植物

地被植物是指用于覆盖地面,防止地面裸露的低矮草本、小灌木、藤本植物等。地被和草坪的功能是一致的,所不同的是大部分地被植物具有花卉的观赏性,很多宿根花卉密植后是很好的地被。

地被植物在园林绿化中应用广泛,除了和草坪一样可以覆盖地面、保持水土、美化装饰外，地被植物还有枝叶、花、果等方面的观赏价值，而且养护便利、低成本、低维护、无须经常修剪。

地被植物种类如下：

(1)草本地被。草坪草为很好的草本地被,但其泛指用作地被的禾本科草种,国内外通称草坪禾草。有相同地被用途的其他草本植物材料则被称之为草本地被,不能称之或罗列为草坪。它们的生理特点和管理要求差异很大,在园林概念上最好不要混谈。草本地被的共同特点是生长低矮、丛生、丛叶紧凑、具地上匍匐茎或地下横走茎(根茎),扩展性强。很多宿根花卉经密植和精细管理也可列为草本地被。

(2)木本地被。木本地被一般分为直立生长型和匍匐型两种。按生态习性又可分为阳性和耐阴性两种。绝大多数木本地被耐阴性较强。

7. 屋面清理

屋面也称屋盖,是房屋最上部的围护结构,它可以抵抗自然界的雨、雪、风、霜、太阳辐射、气温变化等不利因素的影响,保证建筑内部有一个良好的使用环境。屋面也是房屋顶部的承重结构,它承受屋面自重、风雪荷载以及施工和检修屋面的各种荷载;同时屋面的不同形式还是体现建筑风格的重要手段。屋面通常由天棚、结构层、附加层和面层四部分组成。

(1)天棚。指房间的顶面,又称顶棚。当承重结构采用梁板结构时,可在梁、板底面抹灰,形成抹灰天棚。当装修要求较高时,可做吊顶处理。有些建筑可不设置天棚(如坡屋面)。

(2)结构层。主要用于承受屋面上所有荷载及屋面自重等,并将这些荷载传递给支撑它的墙或柱。

(3)附加层。为满足其他方面的要求,屋面往往还增加相应的附加构造层,如隔气层、找坡层、保温(或隔热)层、找平层、隔离层等。

(4)面层。面层暴露在外面,直接受自然界(风、雨、雪、日晒和空气中有害介质)的侵蚀和人为(上人和维修)的冲击与摩擦。因此,面层的材料和做法要求具有一定的抗渗性能、抗摩擦性能和承载能力。

屋面施工前应对屋面进行清理,将表面浮浆杂物进行彻底清理,保证干燥无积水。

8. 种植土回(换)填

种植土宜选用土质疏松的地表土,土壤透水性好,土中不能有建筑垃圾、草根,土中的石块含量小于10%,泥岩石块直径小于15cm、砂岩小于10cm。种植土的厚度控制在60cm,种植土回填完成后的标高与设计图标高的误差应控制在±10cm以内。

(1)回填土质要求。即土壤的性质,一般分为黏土、砾土、砂土三大类。

(2)弃土运距。指从拟挖的地方运到倾倒地方的距离。

(3)取土运距。指从需要填土的处所运到取土场之间的距离。

9. 整理绿化用地

园林绿化所用的土地,都要通过征用、征购或内部调剂来解决,特别是大型综合性公园,征地工作就是园林绿化工程开始之前最重要的事情。不论采取什么方式获得土地,都要做好征地后的拆迁安置、退耕还林和工程建设宣传工作。土地一经征用,就应尽快设置围墙、篱栅或临时性的围护设施,把施工现场保护起来。根据园林规划和园林种植设计的安排,在进行绿化施工之前,绿化用地上所有建筑垃圾和杂物都要清除干净。已经确定的绿化用地范围,施工中最好不要临时挪作他用,特别是不要作为建筑施工的备料、配料场地使用,以免破坏土质。若作为临时性的堆放场地,也要求堆放物对土质无不利影响。若土质已遭碱化或其他污染,应清除恶土,置换肥沃客土。

注意:平整绿化用地是指垂直方向处理厚度在30cm以内的就地挖填找平。

10. 绿地起坡造型

绿地起坡造型适用于松(抛)填。

11. 屋顶花园基底处理

在屋顶上面进行绿化,要严格按照设计的植物种类、规格和对栽培基质的要求进行施工。

屋顶花园基底在施工前,对屋顶要进行清理,平整顶面,有龟裂或凹凸不平之处应修补平整,有条件者可抹一层水泥砂浆。若原屋顶为预制空心板,应先在其上铺三层沥青、两层油毡做隔水层,以防渗漏。屋顶花园绿化种植区构造层由上至下分别由植被层、基质层、隔离过滤层、排(蓄)水层、隔根层、分离滑动层等组成。

三、工程量计算实例

【例 4-1】 某园林工程需整理图 4-1 所示形状不规则的绿化用地,试计算其工程量(二类土)。

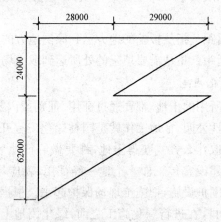

图 4-1 绿化用地示意图

注:整理厚度 $t=20\mathrm{cm}$。

【解】 整理绿化用地工程量 $=(62+24)\times(28+29)-1/2\times24\times29-1/2\times62\times(28+29)=2787(\mathrm{m}^2)$

工程量计算结果见表 5-3。

表 4-7　　　　　　　　　工程量计算表

项目编码	项目名称	项目特征描述	计量单位	工程量
050101010001	整理绿化用地	二类土	m²	2787

【例 4-2】 某公园由于改扩建的需要,需将图 4-2 所示绿地上的植物进行挖掘、清除,试计算其工程量。

第四章　绿化工程工程量计算　　　　　　· 139 ·

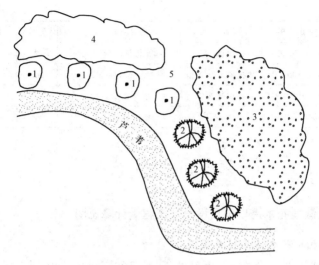

图 4-2　某公园局部绿地示意图
1—白蜡；2—木槿；3—紫叶小檗；4—芦苇
5—竹林 紫叶小檗种植面积 16m²，芦苇种植面积 12m²

【解】　(1)砍伐乔木：白蜡 4 棵(树干胸径按 15cm 考虑)。木槿 3 棵(树干胸径按 20cm 考虑)。

(2)挖树根：白蜡树根 4 棵(地径按 20cm 考虑)，木槿树根 3 棵(地径按 23cm 考虑)。

(3)砍挖灌木丛及根：紫叶小檗 16m²(丛高按 1.2m 考虑)。

(4)砍挖竹及根：竹林 18m²(根盘直径按 2.5m 考虑)

(5)砍挖芦苇及根。芦苇 12m²(根盘丛径按 3.3m 考虑)。

工程量计算结果见表 4-8。

表 4-8　　　　　　　　工程量计算表

序号	项目编码	项目名称	项目特征描述	计量单位	工程量
1	050101001001	砍伐乔木	白蜡，树干胸径 15cm	株	4
2	050101001002	砍伐乔木	木槿，树干胸径 20cm	株	3
3	050101002001	挖树根(蔸)	白蜡树根，地径 20cm	株	4

续表

序号	项目编码	项目名称	项目特征描述	计量单位	工程量
4	050101002002	挖树根(蔸)	木槿树根,地径23cm	株	3
5	050101003001	砍挖灌木丛及根	紫叶小檗,丛高1.2m	m^2	16
6	050101004001	砍挖竹及根	根盘直径2.5m	m^2	18
7	050101005001	砍挖芦苇	根盘丛径3.3m	m^2	12

第三节 栽植花木

一、栽植花木清单项目设置及工程量计算说明

1. 栽植花木清单项目设置

栽植花木工程量清单项目设置、项目特征描述的内容、计量单位、工作内容应按《园林绿化工程工程量计算规范》(GB 50858—2013)中A.2的规定执行,内容详见表4-9。

表4-9　　　　　　　栽植花木(编码 050102)

项目编码	项目名称	项目特征	计量单位	工程量计算规则	工作内容
050102001	栽植乔木	1. 种类 2. 胸径或干径 3. 株高、冠径 4. 起挖方式 5. 养护期	株	按设计图示数量计算	
050102002	栽植灌木	1. 种类 2. 根盘直径 3. 冠丛高 4. 蓬径 5. 起挖方式 6. 养护期	1. 株 2. m^2	1. 以株计量,按设计图示数量计算 2. 以平方米计量,按设计图示尺寸以绿化水平投影面积计算	

第四章 绿化工程工程量计算

续一

项目编码	项目名称	项目特征	计量单位	工程量计算规则	工作内容
050102003	栽植竹类	1. 竹种类 2. 竹胸径或根盘丛径	株(丛)	按设计图示数量计算	
050102004	栽植棕榈类	1. 种类 2. 株高、地径 3. 养护期	株		
050102005	栽植绿篱	1. 种类 2. 篱高 3. 行数、蓬径 4. 单位面积株数 5. 养护期	1. m 2. m²	1. 以米计量,按设计图示长度以延长米计算 2. 以平方米计量,按设计图示尺寸以绿化水平投影面积计算	
050102006	栽植攀缘植物	1. 植物种类 2. 地径 3. 单位长度株数 4. 养护期	1. 株 2. m	1. 以株计量,按设计图示数量计算 2. 以米计量,按设计图示种植长度以延长米计算	
050102007	栽植色带	1. 苗木、花卉种类 2. 株高或蓬径 3. 单位面积株数 4. 养护期	m²	按设计图示尺寸以绿化水平投影面积计算	1. 起挖 2. 运输 3. 栽植 4. 养护

续二

项目编码	项目名称	项目特征	计量单位	工程量计算规则	工作内容
050102008	栽植花卉	1. 花卉种类 2. 株高或蓬径 3. 单位面积株数 4. 养护期	1. 株（丛、缸） 2. m²	1. 以株（丛、缸）计量，按设计图示数量计算 2. 以平方米计量，按设计图示尺寸以水平投影面积计算	1. 起挖 2. 运输 3. 栽植 4. 养护
050102009	栽植水生植物	1. 种植种类 2. 株高或蓬径或芽数/株 3. 单位面积株数 4. 养护期	1. 丛（缸） 2. m²		
050102010	垂直墙体绿化种植	1. 种植种类 2. 生长年数或地(干)径 3. 栽植容器材质、规格 4. 栽植基质种类、厚度 5. 养护期	1. m² 2. m	1. 以平方米计量，按设计图示尺寸以绿化水平投影面积计算 2. 以米计量，按设计图示种植长度以延长米计算	1. 起挖 2. 运输 3. 栽植容器安装 4. 栽植 5. 养护
050102011	花卉立体布置	1. 草木花卉种类 2. 高度或蓬径 3. 单位面积株数 4. 种植形式 5. 养护期	1. 单体(处) 2. m²	1. 以单体(处)计量，按设计图示数量计算 2. 以平方米计量，按设计图示尺寸以面积计算	1. 起挖 2. 运输 3. 栽植 4. 养护

第四章　绿化工程工程量计算

续三

项目编码	项目名称	项目特征	计量单位	工程量计算规则	工作内容
050102012	铺种草皮	1. 草皮种类 2. 铺种方式 3. 养护期	m²	按设计图示尺寸以绿化投影面积计算	1. 起挖 2. 运输 3. 铺底沙（土） 4. 栽植 5. 养护
050102013	喷播植草（灌木）籽	1. 基层材料种类规格 2. 草（灌木）籽种类 3. 养护期			1. 基层处理 2. 坡地细整 3. 喷播 4. 覆盖 5. 养护
050102014	植草砖内植草	1. 草坪种类 2. 养护期			1. 起挖 2. 运输 3. 覆土（砂） 4. 铺设 5. 养护
050102015	挂网	1. 种类 2. 规格		按设计图示尺寸以挂网投影面积计算	1. 制作 2. 运输 3. 安放
050102016	箱/钵栽植	1. 箱/钵体材料品种 2. 箱/钵外形尺寸 3. 栽植植物种类、规格 4. 土质要求 5. 防护材料种类 6. 养护期	个	按设计图示箱/钵数量计算	1. 制作 2. 运输 3. 安放 4. 栽植 5. 养护

2. 工程量计算说明

(1)挖土外运、借土回填、挖(凿)土(石)方应包括在相关项目内。

(2)苗木计算应符合下列规定：

1)胸径应为地表面向上1.2m高处树干直径。

2)冠径又称冠幅,应为苗木冠丛垂直投影面的最大直径和最小直径之间的平均值。

3)蓬径应为灌木、灌丛垂直投影面的直径。

4)地径应为地表面向上0.1m高处树干直径。

5)干径应为地表面向上0.3m高处树干直径。

6)株高应为地表面至树顶端的高度。

7)冠丛高应为地表面至乔(灌)木顶端的高度。

8)篱高应为地表面至绿篱顶端的高度。

9)养护期应为招标文件中要求苗木种植结束后承包人负责养护的时间。

(3)苗木移(假)植应按花木栽植相关项目单独编码列项。

(4)土球包裹材料、树体输液保湿及喷洒生根剂等费用包含在相应项目内。

(5)墙体绿化浇灌系统按《园林绿化工程工程量计算规范》(GB 50858—2013)A.3绿地喷灌相关项目单独编码列项。

(6)发包人如有成活率要求时,应在特征描述中加以描述。

二、栽植花木清单项目特征描述

1. 栽植乔木

将苗木的土球或根蔸放入种植穴内,使其居中,再将树干立起,扶正,使其保持垂直,然后分层回填种植土,填土后将树根稍向上提一提,使根群舒展开,每填一层土就要用锄将土插紧实,直到填满穴坑,并使土面能够盖满树木的根茎部位,初步栽好后还应检查树干是否仍保持垂直,树冠有无偏斜,若有偏斜,就要再扶正。最后,把余下的穴土绕根一周进行培土,做成环形的拦水围堰,其围堰的直径应略大于植穴的直径。堰土要拍压紧实,不能松散。

栽植穴、槽的质量,对植株以后的生长有很大的影响。除按设计确定位置外,应根据根系或土球大小、土质情况来确定坑(穴)径大小(一般应比规定的根系或土球直径大 20～30cm);根据树种根系类别,确定坑(穴)的深浅。坑(穴)或沟槽口径应上下一致,以免植树时根系不能舒展或填土不实。栽植穴、槽的规格,参见表 4-10 和表 4-11。

表 4-10　　　　　　　常绿乔木类种植穴规格　　　　　　　cm

树　　高	土球直径	种植穴深度	种植穴直径
150	40～50	50～60	80～90
150～250	70～80	80～90	100～110
250～400	80～100	90～110	120～130
400 以上	140 以上	120 以上	180 以上

表 4-11　　　　　　　落叶乔木类种植穴规格　　　　　　　cm

胸　　径	种植穴深度	种植穴直径	胸　　径	种植穴深度	种植穴直径
2～3	30～40	40～60	5～6	60～70	80～90
3～4	40～50	60～70	6～8	70～80	90～100
4～5	50～60	70～80	8～10	80～90	100～110

2. 栽植灌木

灌木是树形较为矮小,无明显主干,从根茎部位分枝成丛的木本植物。灌木分为常绿灌木和落叶灌木两大类。常绿灌木如杜鹃、夹竹桃、栀子等;落叶灌木如牡丹、榆叶梅、贴梗海棠等。

(1)根盘直径。为根盘的最大幅度和最小幅度之间的平均直径。

(2)冠丛高。为地表面至乔(灌)木顶端的高度。

(3)蓬径。为灌木、灌丛垂直投影面的直径。

3. 栽植竹类

竹类植物属于禾本科竹亚科,是一类再生性很强的植物。采用地下茎(竹鞭)分株繁殖,靠竹笋长成新竹,成林速度快,成林后竹林寿命长,可在百年甚至数百年不断调整竹株,以确保新竹青翠强壮。园林配置时对其密度、粗度、高度均可人工控制。

(1)竹的种类。竹的种类很多,栽培品种有500余种,大多可供庭院观赏,常见的有楠竹、凤尾竹、小琴丝竹、佛肚竹、大佛肚竹、寒竹、湘妃竹、毛竹、紫竹、淡竹、刚竹、苦竹、金竹、罗汉竹等。竹类植物除观赏外,还是优良的建筑材料。

(2)竹胸径。为地表面向上1.2m高处竹干直径。

4. 栽植棕榈类

棕榈类植物为常绿乔木、灌木或藤本。树干圆柱形,高可达10m,干径可达240m,多直立单干,不分枝,并具坚挺大叶聚生于顶,近似圆形,径宽50~70cm。掌状裂深达中下部,叶柄长40~100cm,两侧细齿明显。两性或单性,雌雄同株或异株,密生于叶丛或叶鞘束下方的肉穗花序,常为大型佛焰苞所包被。果实为浆果、核果或坚果,外果皮常呈纤维状。

棕榈类植物大多喜高温、高湿的热带、亚热带环境,但不同种类的耐寒性、耐旱性有差异。如油棕原产热带非洲,要求年平均温度24~28℃、年降水量2000mm以上的气候条件,不耐霜雪和干旱;而棕榈则能耐-7.1℃低温,且有一定耐旱性。土壤以湿润、肥沃而良好的酸性至中性壤土为宜。多数种类较耐荫。根浅,畏强风,但椰子为深根性,可抗强风。

(1)株高。为树顶端距地坪高度。

(2)地径。为地表面向上0.1m高处树干直径。

5. 栽植绿篱

绿篱又称篱垣、植篱或树篱,其功能是用来划分范围和防护,或用来分隔空间和作为屏障以及美化环境等。

(1)种类。

1)按高度分为高篱(1.2m以上)、中篱(1~1.2m)和矮篱(0.4m左右)。

第四章 绿化工程工程量计算

2)按树种习性分为常绿绿篱和落叶绿篱。
3)按形式分为自然式和规则式。
4)按功能和观赏要求不同分为以下几种：

①常绿篱。由常绿树木组成，为园林中最常用的绿篱。主要树种有圆柏、杜松、侧柏、红豆杉、罗汉松、大叶黄杨、女贞、海桐、冬青、锦熟黄杨、雀舌黄杨、珊瑚树、蚊母树、柊树等。

②花篱。由观花树木组成，为园林中比较精美的绿篱。主要树种有桂花、栀子花、米兰、六月雪、宝巾、凌霄、迎春、溲疏、锦带花、木槿、郁李、欧李、黄刺玫、珍珠花、日本线菊等。

③彩叶篱。由红叶或斑叶的观赏树木组成的绿篱。主要树种有红桑、紫叶小檗、黄斑叶珊瑚、金叶侧柏、金边女贞、白斑叶刺檗、银边刺檗、金边刺檗、白斑叶溲疏、黄斑叶溲疏、彩叶锦带花、银边胡颓子、各种斑叶黄杨及各种斑叶大叶黄杨等。

④观果篱。由观果树种组成的绿篱。主要树种有山里红、金银思冬、小檗、枸骨、火棘等。

⑤刺篱。由带刺的植物组成的具有防护性的绿篱。主要树种有枸骨、小檗、黄刺玫、蔷薇等。

⑥蔓篱。在园林中若要迅速起到防护或区别空间的作用，可用竹笆、木栅、铝网做围墙，再栽植攀缘植物攀附于围墙之上而形成绿篱。主要树种有紫藤、凌霄、木香、地锦、蔷薇、牵牛花、葫芦、何首乌、猕猴桃、金银花、南蛇藤、北五味子、蔓生月季、爬蔓卫矛等。

(2)篱高。为地表面至绿篱顶端的高度。

(3)行数。绿篱的种植密度根据使用目的、不同树种、苗木规格、绿篱形式、种植地宽度而定。高篱行距 100～150cm，中篱行距 70cm，矮篱行距 20～40cm。

(4)蓬径。为绿篱枝叶所围成的圆的直径。

6. 栽植攀缘植物

能缠绕或依靠附属器官攀附他物向上生长的植物为攀缘植物。如牵牛、菜豆、菟丝子的茎有缠绕性，葡萄茎有卷须、蔷薇茎上有钩状刺等。攀缘植物自身不能直立生长,需要依附他物。由于适应环境而长期演化,形成了不同的攀缘习性,攀缘能力各不相同,因而有着不同的园林用途。有些植物具有两种以上的攀缘方式,称为复式攀缘。如倒地铃既能卷须又能自身缠绕他物。

(1)植物种类。攀缘植物按茎的质地可分为木本(藤木)和草木(蔓草)两大类。按攀缘习性又可分为缠绕类、吸附类、卷须及攀靠类四大类。

1)缠绕类。不具有特殊的攀缘器官,而是依靠植株本身的主茎缠绕在其他植物或物体上,这种茎称为缠绕茎。其缠绕方向,有向右旋的,如薯蓣、啤酒花、葎草等;也有向左旋的,如紫藤、扁豆、牵牛花等;还有左右旋的,缠绕方向不断变化,没有规律,如何首乌。

2)吸附类。由节上生出的许多能分泌胶状物质的气生不定根吸附在其他物体上自由向上生长。如常青藤、凌霄等。

3)卷须类。借助卷须、叶柄等卷攀他物而使植株向上生长。卷须多由腋生茎、叶生或气生根变态而成,长而卷轴,单条或分叉。

4)攀靠类。植株借助于藤蔓上的钩刺攀附,或以蔓条架靠他物向上生长。

(2)地径。为地表面向上 0.1m 高处的树干直径。

7. 栽植色带

色带是指由苗木栽成带状,并配置有序,具有一定的观赏价值。色带苗木包括花卉及常绿植物。

栽植色带时,一般选用 3~5 年生的大苗造林,只有在人迹较少,且又容许造林周期拖长的地方,造林材可选用 1~2 年生小苗或营养杯幼苗。栽植时,按白灰点标记的种植点挖穴、栽苗、填土、插实、做围堰、灌水。栽植完毕后,最好在色带的一侧设立临时性的护栏,阻止行人横穿色带,保护新栽的树苗。

苗木就是在苗圃中培养出一定规格的用于栽植的幼小苗。苗木有土球苗木和木箱苗木两种。

(1)土球苗木。一般常绿树、名贵树种和较大的花灌木常采用带土球掘苗,这类苗木就称为土球苗木。土球的大小,因苗木大小、根系分布情况、树种成活难易、土壤质地等条件而异。

一般土球应包括大部分根系在内,灌木的土球大小以其冠幅的1/4～1/2为标准,在包装运输过程中应进行单株包装。

(2)木箱苗木。放在木制箱中贮藏运输规格较小的树体和需要保护的裸树苗木,叫作木箱苗木。

8. 栽植花卉

从花圃挖起花苗之前,应先灌水浸湿圃地,起苗时根土才不易松散。同种花苗的大小、高矮应尽量保持一致,过于弱小或过于高大的都不宜选用。花卉栽植时间在春、秋、冬三季基本没有限制,但夏季的栽种时间最好在上午 11 时之前和下午 4 时以后,要避开太阳暴晒。

花苗运到后应及时栽种,不要放置很久才栽。栽植花苗时,一般的花坛都从中央开始栽,栽完中部图案纹样后,再向边缘部分扩展栽下去。在单面观赏花坛中栽植时,则要从后边栽起,逐步栽到前边。宿根花卉与一、二年生花卉混植时,应先种植宿根花卉,后种植一、二年生花卉,大型花坛宜分区、分块种植。若是模纹花坛和标题式花坛,则应先栽模纹、图线、字形,后栽底面的植物。在栽植同一模纹的花卉时,若植株稍有高矮不齐,应以矮植株为准,对较高的植株则栽得深一些,以保持顶面整齐。

花苗的株行距应随植株的大小、高低确定,以成苗后不露出地面为宜。植株较小的,株行距可为 15cm×15cm;植株中等大小的,可为 20cm×20cm 至 40cm×40cm;对较大的植株,则可采用 50cm×50cm 的株行距。五色苋及草皮类植物是覆盖型的草类,可不考虑株行距,密集铺种即可。

栽植的深度,对花苗的生长发育有很大的影响。栽植过深,花苗根系生长不良,甚至会腐烂死亡;栽植过浅,则不耐干旱,而且容易倒伏,栽植深度以所埋之土刚好与根茎处相齐为最好。球根类花卉的栽植深度,应更加严格掌握,一般覆土厚度应为球根高度的 1～2 倍。栽植完成后,要立即浇一次透水,使花苗根系与土壤密切接合,并应保持植株清洁。

栽植花卉根据其生态、习性分为草本花卉、水生花卉和岩生花卉三大类。

(1)草本花卉。花卉的茎，木质部不发达，支持力较弱，称草质茎。具有草质茎的花卉，叫作草本花卉。草本花卉中，按其生长发育周期长短不同，又可分为一年生、二年生和多年生三类。

1)一年生草本花卉。生活期在一年以内，来年播种，当年开花、结实，当年死亡，如一串红、刺茄、半支莲(细叶马齿苋)等。

2)二年生草本花卉。生活期跨越两个年份，一般是在秋季播种，到第二年春夏开花、结实直至死亡，如金鱼草、金盏花、三色堇等。

3)多年生草本花卉。生长期在二年以上，它们的共同特征是都有永久性的地下部分(地下根、地下茎)，常年不死。但它们的地上部分(茎、叶)却存在着两种类型：有的地上部分能保持终年常绿，如文竹、四季海棠、虎皮掌等；有的地上部分，是每年春季从地下根际萌生新芽，长成植株，到冬季枯死，如美人蕉、大丽花、鸢尾、玉簪、晚香玉等。

由于多年生草本花卉的地下部分始终保持着生长能力，所以又称为宿根类花卉。

(2)水生花卉。在水中或沼泽地生长的花卉，如睡莲、荷花等。

(3)岩生花卉。指耐旱性强，适合在岩石园栽培的花卉。

9. 栽植水生植物

水生植物是指那些能够长期在水中正常生活的植物。水生植物的种类有以下几种：

(1)浅水植物。生长于水深不超过 0.5m 的浅沼地上，如菖蒲、石菖蒲、泽泻、慈姑、水葱、香蒲、旱伞草等。

(2)挺水植物。一般在水深 0.5～1.5m 条件下生长。如荷花、王莲、莼菜。

(3)沉水植物。沉水型水生植物根茎生于泥中，整个植株沉入水中，具有发达的通气组织，利于进行沉水植物气体交换。叶多狭长或为丝状，能吸收水中部分养分，在水下弱光的条件下也能正常生长发育。对水质有一定的要求,水质浑浊会影响其光合作用。其花小,花期短,以观叶为主。沉水植物有轮叶黑藻、金鱼藻、马来眼子菜、苦草、菹草等。

(4)漂浮植物。漂浮型水生植物种类较少,这类植株的根不生于泥中,株体漂浮于水面之上,漂浮植物随水流、风浪四处漂泊,多数以观叶为主,为池水提供装饰和绿荫。

(5)浮水植物。其根部悬浮于水中,或者生于水底,只有叶与花漂浮于水面上。如田子草、青萍、水萍、布袋莲等。

10. 垂直墙体绿化种植

垂直墙体绿化种植是指以建筑物、土木构筑物等的垂直或接近垂直的立面(如室外墙面、柱面、架面等)为载体的一种建筑空间绿化形式。

植物种类有以下几种:

(1)吸附攀爬型绿化。即将爬山虎、常春藤、薜荔、地锦类、凌霄类、钓钟草等吸附型藤蔓植物栽植在墙面的附近,让藤蔓植物直接吸附满足攀爬的绿化。

(2)缠绕攀爬型绿化。在墙面的前面安装网状物、格栅或设置混凝土花器,栽植如木通、南蛇藤、络石、紫藤、金银花、凌霄类等缠绕型藤蔓植物的绿化。

(3)下垂型绿化。即在墙面的顶部安装种植容器(如花池),种植枝蔓伸长力较强的藤蔓植物,如常春藤、牵牛、地锦、凌霄、扶芳藤等让枝蔓下垂的绿化。

(4)攀爬下垂并用型绿化。即在墙面的顶端和附近栽种藤蔓植物,从上方让须根下垂的同时,也从下方让根须攀爬的绿化。

(5)树墙型绿化。即将灌木,如法国冬青等,栽植在墙体前面,使树横向生长,呈篱笆状贴附墙面遮掩墙体。树墙型绿化即使没有空间也能进行绿化,所以特别适合土地狭小地区。

(6)骨架+花盆绿化。通常,先紧贴墙面或离开墙面 5~10cm 搭建平行于墙面的骨架,铺以滴管或喷灌系统,再将事先绿化好的花盆嵌入骨架空格中,其优点是对地面或山崖植物均可以选用,自动浇灌,更换植物方便,适用于临时植物花卉布景。不足是需在墙外加骨架,宽度大于 20cm,增大体量可能影响表观。并且骨架须固定在墙体上,在固定点处容易产生漏水隐患、骨架锈蚀等,影响绿化系统整体使用寿命,滴管容易被堵失灵而导致植物缺水死亡。

(7)模块化墙体绿化。其建造工艺与骨架+花盆绿化相同,但改善之处是花盆变成了方块形、菱形等几何模块。

(8)铺贴式墙体绿化。将平面浇灌系统、墙体种植袋附合在一层 1.5mm 厚的高强度防水膜上,形成一个墙面种植平面系统,在现场直接将该系统固定在墙面上。

11. 花卉立体布置

花卉立体布置中所指的"花卉"并不是专指观花植物,而是指花卉的广义概念中所包括的观花、观果、观形的植物,可以是草本,也可以是乔灌木。而"立体装饰"则指其是平面绿化向三维空间的延伸与拓展,具有空间艺术造型的美化功能,讲究色彩、质地、结构配合的艺术原则,是一种三维的环境绿化艺术形式。

(1)草本花卉种类:有春兰、香堇、慈菇花、风信子、郁金香、紫罗兰、金鱼草、长春菊、瓜叶菊、香豌豆、夏兰、石竹、石蒜、荷花、翠菊、睡莲、芍药、福禄考、晚香玉、万寿菊、千日红、建兰、铃兰、报岁兰、香堇、大岩桐、水仙、小草兰、瓜叶菊、蒲包花、兔子花、入腊红、三色堇、百日草、鸡冠花、一串红、孔雀草、大波斯菊、金盏菊、非洲凤仙花、菊花、非洲菊、观赏凤梨类、射干、非洲紫罗兰、天堂鸟、炮竹红、菊花、康乃馨、花烛、满天星、星辰花、三角梅等。

(2)种植形式:常见的种植形式有吊篮、立体花坛、花钵、垂直绿化等。

12. 铺种草皮

草皮是指把草坪平铲为板状或剥离成不同大小、各种形状并附带一定量的土壤,以营养繁殖方式快速建造草坪和草坪造型的原材料。

(1)铺草皮法。选择人工培育的生长势强、密度高的草皮,通过人工或机械先将草皮切成平行条状,然后按需要横切成块再铲起。草块的厚度为 3～5cm,大小根据运输方法及操作是否方便而定。这种方法形成草坪快,铺植后灌水滚压即成,且栽后管理容易,一年中除严寒酷暑的月份均可进行,不足之处是需要有大量优质草源,运输和铺植的成本较高。

(2)铺种方式。铺种方式分为草茎撒播法、分栽法、铺设法等铺种方法。

1)草茎撒播法。包括播茎法、匍匐枝及根茎播法、匍匐茎撒插繁殖法、匍匐茎撒播式蔓植、匍匐茎植法。凡易发生匍匐茎的草坪,如狗牙根、地毯草、细叶结缕草、匍匐剪股颖等均可用此法。

2)分栽法。此法多用于丛生、分蘖性较强的草类,如细叶结缕草、莎草、苔草等种植中。

3)铺设法。此法是形成草坪最快的方法。按照疏密不同,又分为以下几种形式:

①无缝铺栽。即用草皮将地面全部铺满。

②有缝铺栽。各草块之间相互留有宽度为 4～6cm 的缝,此法所需草块面积约为草坪总面积的 70%。

③方格形花纹铺栽。将草块相间排列,形似梅花。这种方法虽建成草坪较慢,但草皮的铺植面积为总面积的 50%;若采取铺砖式,则铺植面积只占总面积的 1/3。

④条铺法。将草皮切成 6～12cm 宽的长条,以行距 20～30cm 距离铺植。这样条铺的草皮经半年后可全部密接。

⑤点铺法。将草皮切成长宽均为 6～12cm 的方块,以行距 20～30cm 距离铺植。在铺植时要按草块厚度挖低铺植草块处,使草块与土面平整。铺设后即镇压,随后浇水。

13. 喷播植草(灌木)籽

喷播植草的喷播技术是结合喷播和免灌两种技术而成的新型绿化方法,是将绿化用草籽与保水剂、胶粘剂、绿色纤维覆盖物及肥料等,在搅拌容器中与水混合成胶状的混合浆液,用压力泵将其喷播于待播土地上,适用于大面积的绿化作业,尤其是较为干旱缺少浇灌设施的地区,与传统机械作业相比,其效率高、成本低、对播种环境要求低,由于使用材料均为环保材料,因此,可确保安全无污染。

14. 植草砖内植草

植草砖是指用于专门铺设在城市人行道路及停车场、具有植草孔能够绿化路面及地面工程的砖和空心砌块等,其表面可以是有面层(料)或无面层(料)的本色或彩色。

15. 挂网

公路、桥梁的建设,形成了很多裸露的岩石坡面,既破坏了植被,有损生态景观,又容易造成水土流失。坡面挂网喷混植草是在风化岩质坡面上营造一层既能让植物生长发育的种植基质又耐冲刷的多孔稳定结构,可增加边坡的整体稳定和美观。

16. 箱/钵栽植

目前,不少庭园可直接种植的土地面积不大,为增加绿量,可用箱/钵栽培的植物来补充。特别是有些冬季易冻或夏季怕热的植物,采用箱/钵栽培后移动灵活,可躲避不良的环境。

栽植植物种类:庭园箱/钵栽植花木品种繁多,一般有乔木、灌木、草本、藤本和水生植物等几大类。配置植物前应了解花园朝向、风向、光线等,然后根据植物本身喜阳喜阴、喜干喜湿、喜酸喜碱等做出正确选择。

三、工程量计算实例

【例 4-3】 某园林绿化工程栽植花木如图 4-3 所示,试计算其栽植花木工程量。

【解】 (1)栽植乔木。

法国梧桐——5 株　　香樟——5 株　　广玉兰——5 株
合欢——2 株　　　　水杉——3 株　　龙爪槐——6 株

(2)栽植棕榈类。

棕榈——4 株

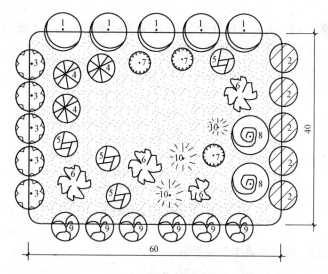

图 4-3 某园林绿化工程栽植花木示意图

(3)栽植灌木。

碧桃——4株　　樱花——3株　　红枫——3株

工程量计算结果见表 4-12。

表 4-12　　　　　　　　　　工程量计算表

序号	项目编码	项目名称	项目特征描述	计量单位	工程量
1	050102001001	栽植乔木	法国梧桐	株	5
2	050102001002	栽植乔木	香樟	株	5
3	050102001003	栽植乔木	广玉兰	株	5
4	050102001004	栽植乔木	合欢	株	2
5	050102001005	栽植乔木	水杉	株	3
6	050102001006	栽植乔木	龙爪槐	株	6
7	050102004001	栽植棕榈类	棕榈	株	4
8	050102002001	栽植灌木	碧桃	株	4
9	050102002002	栽植灌木	樱花	株	3
10	050102002003	栽植灌木	红枫	株	3

【例 4-4】 某园林绿化中的局部绿篱示意图如图 4-4 所示(绿篱为双行,高 50cm),试计算其工程量。

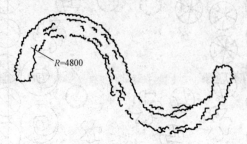

图 4-4 某局部绿篱示意图

【解】 栽植绿篱工程量 $=2\pi R \times 2$
$\qquad =2\times\pi\times 4.8\times 2$
$\qquad =60.32(\mathrm{m})$

工程量计算结果见表 4-13。

表 4-13 工程量计算表

项目编码	项目名称	项目特征描述	计量单位	工程量
050102020050001	栽植绿篱	篱高 50cm,双行	m	60.32

【例 4-5】 某园林亭廊里栽植紫藤共 4 株,试计算其工程量。

【解】 栽植攀缘植物工程量 $=4$ 株

工程量计算结果见表 4-14。

表 4-14 工程量计算表

项目编码	项目名称	项目特征描述	计量单位	工程量
050102006001	栽植攀缘植物	紫藤	株	4

【例 4-6】 如图 4-5 所示为园林局部绿化示意图,共有 4 个入口,有 4 个一样大小的花坛,花坛内喷播植草,试根据图示计算铺种草皮及喷播植草籽工程量(养护期为 3 年)。

第四章 绿化工程工程量计算

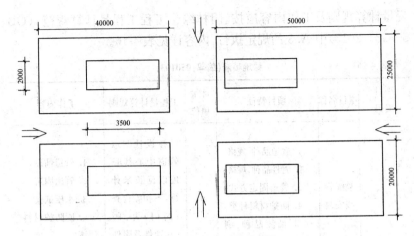

图 4-5 园林局部绿化示意图

【解】(1)铺种草皮工程量 $= 40 \times 25 + 50 \times 25 + 50 \times 20 +$
$40 \times 20 - 3.5 \times 2 \times 4$
$= 4022 (m^2)$

(2)喷播植草工程量 $= 2 \times 3.5 \times 4 = 28 (m^2)$

工程量计算结果见表 4-15。

表 4-15　　　　　　　　工程量计算表

项目编码	项目名称	项目特征描述	计量单位	工程量
050102012001	铺种草皮	养护 3 年	m^2	4022
050102013001	喷播植草籽	养护 3 年	m^2	28

第四节　绿地喷灌

一、绿地喷灌清单项目设置及工程量计算说明

1. 绿地喷灌清单项目设置

绿地喷灌工程清单项目设置、项目特征描述的内容、计量单位、工

程量计算规则及工作内容应按《园林绿化工程工程量计算规范》(GB 50858—2013)中 A.3 的规定执行,内容详见表 4-16。

表 4-16　　　　　　绿地喷灌(编码:050103)

项目编码	项目名称	项目特征	计量单位	工程量计算规则	工作内容
050103001	喷灌管线安装	1. 管道品种、规格 2. 管件品种、规格 3. 管道固定方式 4. 防护材料种类 5. 油漆品种、刷漆遍数	m	按设计图示管道中心线长度以延长米计算,不扣除检查(阀门)井、阀门、管件及附件所占的长度	1. 管道铺设 2. 管道固筑 3. 水压试验 4. 刷防护材料、油漆
050103002	喷灌配件安装	1. 管道附件、阀门、喷头品种、规格 2. 管道附件、阀门、喷头固定方式 3. 防护材料种类 4. 油漆品种、刷漆遍数	个	按设计图示数量计算	1. 管道附件、阀门、喷头安装 2. 水压试验 3. 刷防护材料、油漆

2. 工程量计算说明

(1)挖填土石方应按国家现行标准《房屋建筑与装饰工程工程量计算规范》(GB 50854—2013)附录 A 相关项目编码列项。

(2)阀门井应按国家现行标准《市政工程工程量计算规范》(GB 50857—2013)相关项目编码列项。

二、绿地喷灌清单项目特征描述

1. 喷灌管线安装

喷灌管道布置时,首先对喷灌地进行勘查,根据水源和喷灌地的具体情况,确定主干管的位置,支管一般与干管垂直。

(1)管道品种、规格。管道品种及规格见表 4-17。

表 4-17　　　　　　　　　　管道品种及规格

管道品种	规　　格
铸铁管	承压能力强,一般为 1MPa。使用寿命长(30～60 年),管体齐全,加工安全方便
钢管	承压能力强,工作压力 1MPa 以上,韧性好,不易断裂,品种齐全,铺设安装方便,但价格高,易腐蚀,寿命比铸铁管短,约 20 年
硬塑料管	喷灌常用的硬塑料管有聚氯乙烯管、聚乙烯管、聚丙烯管等。承压能力随壁厚和管径不同而不同,一般为 0.4～0.6MPa
钢筋混凝土管	有自应力和预应力两种。可承受 0.4～0.7MPa 的压力,使用寿命较长,节省钢材,运输安装施工方便,输水能力稳定,接头密封性好,使用可靠
铝合金管	承压能力较强,一般为 0.8MPa,韧性好,不易断裂,耐酸性腐蚀,不易生锈,使用寿命较长,内壁光滑

(2)管件品种、规格。

管道配件是指在管道系统中起连接、变径、转向和分支等作用的零件,简称管件。

不同管道应采用以下与之相应的管件:

1)钢管管件。包括管箍、弯头、三通、四通、异径管箍、活接头、内外螺纹管接头、外接头等,如图 4-6 所示。

2)塑料管件。塑料管件按连接方式不同分为粘接式承口管件、弹性密封式承口管件、螺纹接头管件和法兰连接管件等。

3)可锻铸铁管件。可锻铸铁管件分为镀锌管件和非镀锌管件两类,如图 4-7 所示。

4)铝塑复合管管件。铝塑复合管管件一般用黄铜制造而成,采用卡套式连接。常用铝塑复合管管件如图 4-8 所示。

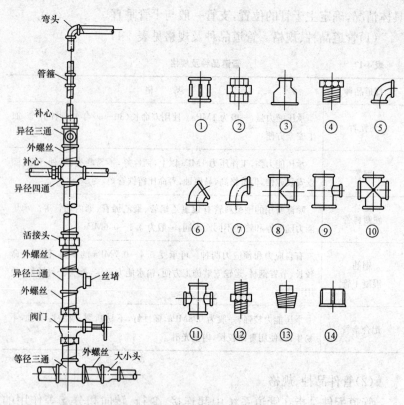

图 4-6 常用钢管管件示意图

2. 喷灌配件安装

喷灌配件有阀箱、自动泄水阀、快速取水阀、网式过滤器等。

(1)管道附件安装及固定。

在绿地喷灌及其他设施工程中,地层上安装管道应在钢筋绑扎完毕时进行。工程施工到预留孔部位时,参照模板标高或正在施工的毛石、砖砌体的轴线标高确定孔洞模具的位置,并加以固定。

(2)油漆品种及选用。油漆是一种油性的装饰用涂料,还可用来防止金属锈蚀。

涂刷配件用的油漆品种有:

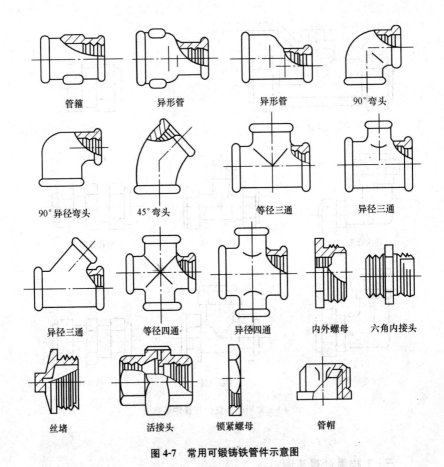

图 4-7 常用可锻铸铁管件示意图

1) 樟丹防锈漆。和其他油漆粘结力较好,用于钢铁表面第一层,能防止钢铁表面生锈。

2) 粉漆。主要起美观作用,一般用于面漆。

3) 沥青底漆。用70%的汽油与30%的沥青配制而成。当金属不加热而涂刷沥青时应先涂刷底漆,它能使沥青和金属面很好地粘结在一起。

4) 沥青黑漆。使用方便,通常用于涂刷阀门等。

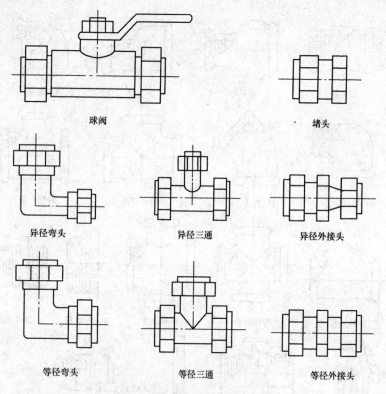

图 4-8 常用铝塑复合管管件示意图

三、工程量计算实例

【例 4-7】 某公园绿化工程需要安装喷灌设施,按照设计要求,需要从供水管接出 $DN40$ 分管,其长度为 52m,从分管至喷头有 4 根 $DN25$ 的支管,长度共计为 72m,喷头采用旋转喷头 $DN50$ 共 10 个,分管、支管全部采用 UPVC 塑料管,试计算其工程量。

【解】 (1) $DN40$ 管道工程量=52(m)

(2) $DN25$ 管道工程量=72(m)

(3) $DN50$ 旋转喷头工程量=10 个

工程量计算结果见表 4-18。

表 4-18　　　　　　　　　　工程量计算表

项目编码	项目名称	项目特征描述	计量单位	工程量
050103001001	喷灌管线安装	$DN40$，UPVC 塑料管	m	52
050103001002	喷灌管线安装	$DN25$，UPVC 塑料管	m	72
050103002001	喷灌配件安装	$DN50$，旋转喷头	个	10

第五章 园路、园桥工程工程量计算

第一节 园路、园桥工程概述

一、园路

1. 园路的分类

园路有不同的分类方法,最常见的是根据功能、结构、铺装材料及排水性能分为四类,见表 5-1。

表 5-1　　　　　　　　　　园路的分类

分类方法	园路类型	功能及特点
根据功能分类	主干道	主干道是园林绿地道路系统的骨干,它与园林绿地主要出入口、各功能分区以及主要建筑物、中心广场和风景点相联系,是游览的主线路,也是各分区的分界线,形成整个绿地道路的骨架,多呈环形布置,它不仅供行人通行,也可在必要时供车辆通过。其宽度视公园性质和游人量而定,一般宽度为 3.5～6.0m
	次干道	次干道是指由主干道分出,直接联系各区及风景点的道路。一般宽度为 2.0～3.5m
	游步道	游步道是指由次干道上分出,引导游人深入景点、寻胜探幽,能够伸入并融入绿地及幽景的道路。一般宽度为 1.0～2.0m,有些游览小路宽度甚至会小于 1.0m,具体因地、景、人流多少而定
根据结构类型分类	路堑型	凡是园路的路面低于周围绿地,道牙高于路面,起到阻挡绿地水土作用的一类园路,统称为路堑型园路

续表

分类方法	园路类型	功能及特点
根据结构类型分类	路堤型	这类园路的路面高于两侧绿地,道牙高于路面,道牙外有路肩,路肩外有明沟和绿地加以过渡
	特殊型	有别于前两种类型且结构形式较多的一类,统称为特殊型园路,包括步石、汀步、蹬道、攀梯等。这种结构类型的道路在现代园林中应用越来越广,形态变化很大,应用得好,往往能达到意想不到的造景效果
根据铺装材料分类	整体路面	整体路面指由水泥混凝土或沥青混凝土整体浇筑而成的路面。这类路面是园林建设中应用最多的一类,具有强度高、结实耐用、整体性好的特点,但不便于维修,且观赏性较差
	块料路面	块料路面指用大方砖、石板、各种天然块石或各种预制板铺装而成的路面。这类路面简朴大方、防滑,能够减弱路面反光强度,并能铺装成形态各异的各种图案花纹,同时也便于地下施工时拆补,在现代城镇及绿地中被广泛应用
	碎石路面	碎石路面指用各种碎石、瓦片、卵石及其他碎状材料组成的路面。这类路面铺路材料廉实,能铺成各种花纹,一般多用于游步道
	简易路面	简易路面指由煤屑、三合土等组成的临时性或过渡路面
根据路面的排水性能分类	透水性路面	透水性路面是指下雨时,雨水能及时通过路面结构渗入地下,或者储存于路面材料的空隙中,减少地面积水的路面。其做法既有直接采用吸水性好的面层材料,也有将不透水的材料干铺在透水性基层上,包括透水混凝土、透水沥青、透水性高分子材料及各种粉粒材料路面、透水草皮路面和人工草皮路面等。这种路面可减轻排水系统负担,保护地下水资源,有利于生态环境,但平整度、耐压性往往存在不足,养护量较大,故主要应用于游步道、停车场、广场等处
	非透水性路面	非透水性路面是指吸水率低,主要靠地表排水的路面。不透水的现浇混凝土路面、沥青路面、高分子材料路面以及各种在不透水基层上用砂浆铺贴砖、石、混凝土预制块等材料铺成的园路都属于此类。这种路面平整度和耐压性较好,整体铺装的可用做机动交通、人流量大的主要园路,块材铺筑的则多用做次要园道、游步道、广场等

2. 园路系统布局形式

常见的园路系统布局形式有套环式、条带式和树枝式三种形式，见表 5-2。

表 5-2　　　　　　　　园路系统布局形式

布局形式	园路系统特征	图　示	适用范围
套环式园路系统	这种园路系统的特征是：由主园路构成一个闭合的大型环路或一个"8"字形的双环路，再从主园路上分出很多的次园路和游览小道，并且相互穿插连接与闭合，构成另一些较小的环路。主园路、次园路和小路构成的环路之间的关系，是环环相套、互通互连的关系，其中少有尽端式道路。因此，这样的道路系统可以满足游人在游览中不走回头路的意愿		套环式园路是最能适应公共园林环境，也是最为广泛应用的一种园路系统。但是，在地形狭长的园林绿地中，由于地形的限制，一般不宜采用这种园路布局形式
条带式园路系统	这种布局形式的特点是：主园路呈条带状，始端和尽端各在一方，并不闭合成环。在主路的一侧或两侧，可以穿插一些次园路和浏览小道。次路和小路相互之间也可以局部闭合成环路，但主路不会闭合成环。条带式园路布局不能保证游人在游园中不走回头路		适用于林荫道、河滨公园等地形狭长的带状公共绿地中

续表

布局形式	园路系统特征	图　　示	适用范围
树枝式园路系统	以山谷、河谷地形为主的风景区和市郊公园，主园路一般只能布置在谷底，沿着河沟从下往上延伸。两侧山坡上的多处景点都是从主路上分出一些支路，甚至再分出一些小路加以连接。支路和小路多数只能是尽端式道路，游人到了景点游览之后，要原路返回到主路再向上行。这种道路系统的平面形状，就像是有许多分枝的树枝，游人走回头路的时候很多		这是游览性最差的一种园路布局形式，只适用于在受到地形限制时采用

二、园桥

园桥是指建筑在庭园内的、主桥孔洞 5m 以内，供游人通行兼有观赏价值的桥梁。园桥最基本的功能就是联系园林水体两岸上的道路，使园路不至于被水体阻断。由于它直接伸入水面，能够集中视线，就自然而然地成为某些局部环境的一种标识点，因而园桥能够起到导游作用，可作为导游点进行布置。低而平的长桥、栈桥还可以作为水面的过道和水面游览线，把游人引到水上，拉近游人与水体的距离，使水景更加迷人。园林中桥的设计都很讲究造型和美观，为了造景的需要，在不同环境中就要采取不同的造型。园桥的造型形式和结构形式有很多，在规划设计中，可以根据具体环境的特点灵活地选配具有各种造型的园桥。

常见的园桥造型形式，归纳起来主要可分为九类：平桥；平曲桥；拱桥；亭桥；廊桥；吊桥；栈桥与栈道；浮桥；汀步。

三、驳岸、护岸

驳岸是地面与水堤的连接处,是建设在陆地与水体交接处的构筑物,它起到了维护水体、保护水体的边缘不被水冲刷或水淹的作用。在园林工程中,驳岸除了以上作用外,还是园林水景的主要组成部分。驳岸的形式与其所处的环境、园林景观、绿化配置以及水体的形式密切相关。泉、瀑、溪、涧、池、湖等水体都有驳岸,其形式因其水体的形式不同而不同,且与周围的景色相协调。

驳岸有许多种类和形式,建设在园林景观中的驳岸主要有钢筋混凝土驳岸、块石驳岸、草皮驳岸、仿木桩驳岸、木桩驳岸、景石驳岸、沙滩驳岸等。

第二节 园路、园桥工程

一、园路、园桥工程清单项目设置及工程量计算说明

1. 园路、园桥工程清单项目设置

园路、园桥工程量清单项目设置、项目特征描述的内容、计量单位、工作内容应按《园林绿化工程工程量计算规范》(GB 50858—2013)中 B.1 的规定执行,内容详见表 5-3。

表 5-3   园路、园桥工程(编码:050201)

项目编码	项目名称	项目特征	计量单位	工程量计算规则	工作内容
050201001	园路	1. 路床土石类别 2. 垫层厚度、宽度、材料种类 3. 路面厚度、宽度、材料种类 4. 砂浆强度等级	m²	按设计图示尺寸以面积计算,不包括路牙	1. 路基、路床整理 2. 垫层铺筑 3. 路面铺筑 4. 路面养护
050201002	踏(蹬)道			按设计图示尺寸以水平投影面积计算,不包括路牙	

第五章　园路、园桥工程工程量计算

续一

项目编码	项目名称	项目特征	计量单位	工程量计算规则	工作内容
050201003	路牙铺设	1. 垫层厚度、材料种类 2. 路牙材料种类、规格 3. 砂浆强度等级	m	按设计图示尺寸以长度计算	1. 基层清理 2. 垫层铺设 3. 路牙铺设
050201004	树池围牙、盖板(箅子)	1. 围牙材料种类、规格 2. 铺设方式 3. 盖板材料种类、规格	1. m 2. 套	1. 以米计量，按设计图示尺寸以长度计算 2. 以套计量，按设计图示数量计算	1. 清理基层 2. 围牙、盖板运输 3. 围牙、盖板铺设
050201005	嵌草砖(格)铺装	1. 垫层厚度 2. 铺设方式 3. 嵌草砖(格)品种、规格、颜色 4. 漏空部分填土要求	m^2	按设计图示尺寸以面积计算	1. 原土夯实 2. 垫层铺设 3. 铺砖 4. 填土
050201006	桥基础	1. 基础类型 2. 垫层及基础材料种类、规格 3. 砂浆强度等级	m^3	按设计图示尺寸以体积计算	1. 垫层铺筑 2. 起重架搭、拆 3. 基础砌筑 4. 砌石

续二

项目编码	项目名称	项目特征	计量单位	工程量计算规则	工作内容
050201007	石桥墩、石桥台	1. 石料种类、规格 2. 勾缝要求 3. 砂浆强度等级、配合比	m³	按设计图示尺寸以体积计算	1. 石料加工 2. 起重架搭、拆 3. 墩、台、券石、券脸砌筑 4. 勾缝
050201008	拱券石	1. 石料种类、规格 2. 券脸雕刻要求 3. 勾缝要求 4. 砂浆强度等级、配合比	m³	按设计图示尺寸以体积计算	
050201009	石券脸		m²	按设计图示尺寸以面积计算	
050201010	金刚墙砌筑		m³	按设计图示尺寸以体积计算	1. 石料加工 2. 起重架搭、拆 3. 砌石 4. 填土夯实
050201011	石桥面铺筑	1. 石料种类、规格 2. 找平层厚度、材料种类 3. 勾缝要求 4. 混凝土强度等级 5. 砂浆强度等级	m²	按设计图示尺寸以面积计算	1. 石材加工 2. 抹找平层 3. 起重架搭、拆 4. 桥面、桥面踏步铺设 5. 勾缝
050201012	石桥面檐板	1. 石料种类、规格 2. 勾缝要求 3. 砂浆强度等级、配合比			1. 石材加工 2. 檐板铺设 3. 铁锔、银锭安装 4. 勾缝

第五章　园路、园桥工程工程量计算

续三

项目编码	项目名称	项目特征	计量单位	工程量计算规则	工作内容
050201013	石汀步（步石、飞石）	1. 石料种类、规格 2. 砂浆强度等级、配合比	m³	按设计图示尺寸以体积计算	1. 基层整理 2. 石材加工 3. 砂浆调运 4. 砌石
050201014	木制步桥	1. 桥宽度 2. 桥长度 3. 木材种类 4. 各部位截面长度 5. 防护材料种类	m²	按桥面板设计图示尺寸以面积计算	1. 木桩加工 2. 打木桩基础 3. 木梁、木桥板、木桥栏杆、木扶手制作、安装 4. 连接铁件、螺栓安装 5. 刷防护材料
050201015	栈道	1. 栈道宽度 2. 支架材料种类 3. 面层材料种类 4. 防护材料种类		按栈道面板设计图示尺寸以面积计算	1. 凿洞 2. 安装支架 3. 铺设面板 4. 刷防护材料

2. 工程量计算说明

(1)园路、园桥工程的挖土方、开凿石方、回填等应按国家现行标准《市政工程工程量计算规范》(GB 50857—2013)相关项目编码列项。

(2)如遇某些构配件使用钢筋混凝土或金属构件时,应按国家现行标准《房屋建筑与装饰工程工程量计算规范》(GB 50854—2013)或《市政工程工程量计算规范》(GB 50857—2013)相关项目编码列项。

(3)地伏石、石望柱、石栏杆、石栏板、扶手、撑鼓等应按国家现行标准《仿古建筑工程工程量计算规范》GB 50855 相关项目编码列项。

(4)亲水(小)码头各分部分项项目按照园桥相应项目编码列项。

(5)台阶项目应按现行国家标准《房屋建筑与装饰工程工程量计算规范》(GB 50854—2013)相关项目编码列项。

(6)混合类构件园桥应按国家现行标准《房屋建筑与装饰工程工程量计算规范》(GB 50854—2013)或《通用安装工程工程量计算规范》(GB 50856—2013)相关项目编码列项。

二、园路、园桥工程清单项目特征描述

1. 园路、路(蹬)道

园路是园林绿地构图中的重要组成部分,是联系各景区、景点以及活动中心的纽带,具有引导游览、分散人流的功能,同时也可供游人散步和休息之用。园路本身与植物、山石、水体、亭、廊、花架一样都能起展示景物和点缀风景的作用。园路还需满足园林建设、养护管理、安全防火和职工生活对交通运输的需要。园路布置合适与否,直接影响到公园的布局和利用率,因此需要把道路的功能作用和艺术性结合起来,精心设计,因景设路,因路得景,做到步移景异。

(1)垫层。垫层是承重和传递荷载的构造层,根据需要选用不同的垫层材料。常用垫层材料有两类:一类是用松散材料,如砂、砾石、炉渣、片石或卵石等组成的透水性垫层;另一类是用整体性材料,如石灰土或炉渣石灰土组成的稳定性垫层。一般灰土垫层的厚度不小于100mm,砂垫层的厚度不小于60mm,天然级配砂石垫层的厚度不小于100mm,素混凝土垫层的厚度不应小于60mm。

(2)路面。道路路面是用坚硬材料铺设在路基上的一层或多层的道路结构部分,通常分为刚性路面和柔性路面。

1)刚性路面。指现浇的水泥砂浆和混凝土路面。这种路面具有较强的抗压强度,其中又以混凝土路面的强度最大。刚性路面坚固耐久,保养翻修少,但造价较高,一般在公园、风景区的主要园路和最重要的道路上采用。

2)柔性路面。指用黏性、塑性材料和颗粒材料做成的路面,也包括使用土、沥青、草皮和其他结合材料进行表面处理的粒料、块料加固的路面。柔性路面在受力后抗压强度很小,路面强度在很大程度上取决于路基的强度。这种路面的铺路材料种类较多,适应性较大,易于就地取材,造价相对较低,园林中人流量不大的游览道、散步小路、草坪路等适宜采用柔性路面。

各类路面结构层最小厚度可按表5-4来确定。

表5-4　　　　　　　　　路面结构层最小厚度表　　　　　　　　　cm

序号	结构层材料		层位	最小厚度	备注
1	水泥混凝土		面层	6	
2	水泥砂浆表面处治		面层	1	1:2水泥砂浆用粗砂
3	石片、釉面砖表面铺贴		面层	1.5	水泥砂浆作结合层
4	沥青混凝土	细粒式	面层	3	双层式结构的上层为细粒式时其最小厚度为2cm
		中粒式	面层	3.5	
		粗粒式	面层		
5	沥青(渣油)表面处治		面层	1.5	
6	石板、预制混凝土板		面层	6	
7	整齐石块、预制砌块		面层	10~12	
8	半整齐、不整齐石块		面层	10~12	
9	砖铺地		面层	6	用1:2.5水泥砂浆或4:6石灰砂浆作结合层
10	砖石镶嵌拼花		面层	5	
11	泥结碎(砾)石		面层		
12	级配砾(碎)石		面层	6	

(3)砂浆强度等级。砂浆强度等级是以边长70mm的立方体试件,在标准养护条件下,用标准的试验方法测得28天龄期的抗压强度(MPa)来划分的。根据《砌筑砂浆配合比设计规程》(JGJ/T 98—2010)的规定,砌筑砂浆的强度等级共有M30、M25、M20、M15、M10、M7.5、M5七个等级,其中的数字代表砂浆抗压强度的平均值(MPa)。

砂浆是砌体的粘结材料,按材料分为水泥砂浆、石灰砂浆和防水砂浆等。以水泥为胶结材料的是水泥砂浆,以石灰膏为胶结材料的是石灰砂浆,也有水泥和石灰膏同时使用的。防水砂浆的配合比一般取水泥：砂=1：2.5～1：3,砂为洗净的中砂,将一定量的防水剂溶于拌合水中,与事先拌匀的水泥、砂混合料再次拌和均匀即可使用。防水砂浆的施工比一般砂浆要求高,基层需清洁、潮湿,并先抹一层水泥素浆,然后分层涂抹、压实,面层要抹光,还要加强养护,才能获得较好的防水效果。一般防水砂浆需分 4～5 层涂抹,共 20～30mm 厚。

2. 路牙铺设

路牙是指用凿打成长条形的石材、混凝土预制的长条形砌块或砖,铺装在道路边缘,起保护路面作用的构件。机制标准砖铺设路牙,有立栽和侧栽两种形式。路牙的材料一般用砖或混凝土制成,在园林中也可用瓦、大卵石等制成。

3. 树池围牙、盖板(箅子)

当在有铺装的地面上栽种树木时,应在树木的周围保留一块没有铺装的土地,通常把它叫作树池或树穴。树池有平树池和高树池两种。

(1)平树池。树池池壁外缘的高程与铺装地面的高程相平。池壁可用普通机砖直埋,也可以用混凝土预制,其宽×厚为 60cm×120cm 或 80cm×220cm,长度根据树池大小而定。树池周围的地面铺装可向树池方向做排水坡。最好在树池内装上格栅(铁箅子),格栅要有足够的强度,不易折断,地面水可以通过箅子流入树池。可在树池周围的地面做成与其他地面不同颜色的铺装,以防踩踏。平树池既是一种装饰,又可起到提示的作用。

(2)高树池。把种植池的池壁做成高出地面的树珥。树珥的高度一般为 15cm 左右,以保护池内土壤,防止人们误入踩实土壤影响树木生长。

树池围牙是树池四周做成的围牙,类似于路沿石,即树池的处理方法,主要有绿地预制混凝土围牙和树池预制混凝土围牙两种。

(1)绿地预制混凝土围牙。指将预制的混凝土块(混凝土块的形状、大小、规格依具体情况而定)埋置于有种植花草树木的地段,对有种植花草树木的地段起围护作用,防止人员、牲畜和其他可能的外界因素对花草树木造成伤害的保护性设施。

(2)树池预制混凝土围牙。指将预制的混凝土块(混凝土块的形状、规格、大小依树的大小和装饰的需要而定)埋置于树池的边缘,对树池起围护作用的保护性设施。围牙勾缝是指砌好围牙后,先用砖凿刻修砖缝,然后用勾缝器将水泥砂浆填塞于灰缝间。围牙勾缝主要有平缝、凹缝和凸缝三种形式。

4. 嵌草砖(格)铺装

嵌草路面有两种类型:一种是在块料路面铺装时,在块料与块料之间留有空隙,在其间种草,如冰裂纹嵌草路、空心砖纹嵌草路、人字纹嵌草路等;另一种是制作成可以种草的各种纹样的混凝土路面砖。

(1)铺设方式。

1)平铺:砖的平铺形式一般采用"直行""对角线"或"人字形"铺法。在通道宜铺成纵向的人字纹,同时在边缘的行砖应加工成45°角。铺砌砖时应挂线,相邻两行的错缝应为砖长的1/3~1/2。

2)倒铺:采用砖的侧面形式铺砌。

3)砌砖:砌砖一般采用"三一砌筑法",即一铲灰,一块砖,一揉压。

(2)嵌草砖(格)品种。嵌草砖示意图如图5-1所示。预制混凝土砌块可以设计成多种形状,大小规格也有很多种,也可做成各种颜色的砌块。砌块的形状基本可分为实心的和空心的两类。但其厚度都不小于80mm,一般厚度都设计为100~150mm。

(3)漏空部分填土要求。填土可采用人工填土和机械填土。人工填土一般用手推车运土,人工用锹、耙、锄等工具进行填筑,从最低部分开始由一端向另一端自下而上分层铺填。机械填土可用推土机、铲运机或自卸汽车进行。用自卸汽车填土时,需用推土机推开推平。采用机械填土时,可利用行驶的机械进行部分压实工作。

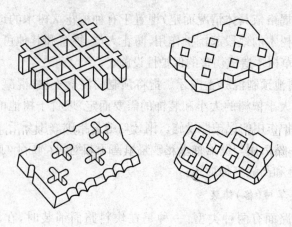

图 5-1 嵌草砖示意图

5. 桥基础

桥基础是指把桥梁自重以及作用于桥梁上的各种荷载传至地基的构件。

基础的类型主要有条形基础、独立基础、杯形基础及桩基础等。

(1)条形基础:条形基础又称带形基础,是由柱下独立基础沿纵向串联而成,它与独立基础相比,具有较大的基础底面积,能承受较大的荷载。

(2)独立基础:凡现浇钢筋混凝土独立柱下的基础都称为独立基础,其断面有阶梯形、平板形、角锥形和圆锥形4种形式。

(3)杯形基础:杯形基础是独立基础的一种形式,凡现浇钢筋混凝土独立柱下的基础都称为独立基础,独立基础中心预留有安装钢筋混凝土预制柱的孔洞时,称为杯形基础(其形如水杯)。

(4)桩基础:桩基础是由若干根设置于地基中的桩柱和承接建筑物(或构筑物)上部结构荷载的承台构成的一种基础。桩基础分类如下:

1)按传力及作用性质可分为端承桩和摩擦桩。

2)按构成材料分为钢筋混凝土预制桩、钢筋混凝土离心管桩、混凝土灌注桩、灰土挤压桩、振动水冲桩、砂(碎石或碎石)桩。

3)按施工方法分为打入桩和灌注桩两种。

6. 石桥墩、石桥台

石桥墩位于两桥台之间,桥梁的中间部位支承相邻两跨上部结构的构件,其作用是将上部结构的荷载可靠而有效地传递给基础。

石桥台位于桥梁两端,是支承桥梁上部结构和路堤相衔接的构筑物,其功能除传递桥梁上部结构的荷载到基础外,还具有抵挡台后的填土压力、稳定桥头路基、使桥头线路和桥上线路可靠而平稳地连接的作用。

(1)石料种类、规格。片石厚度不得小于15cm,不得有尖锐棱角,否则施工时应敲去其尖锐凸出部分。块石应有两个较大的平行面,厚度为20~30cm,形状大致方正,宽度约为厚度的1~1.5倍,长度约为厚度的1.5~3倍;每层的石料高度大致一样;粗料石厚度不小于20cm,宽度为厚度的1~1.5倍,长度为厚度的1.5~4倍,错缝砌筑。为了美化城市园林桥梁,当采用片石和块石砌筑时,宜采用料石或混凝土块镶面。

(2)勾缝要求。在桥两端的边墙上,应各设一道变形缝(含伸缩缝),缝宽为15~20mm,缝内用浸过沥青的毛毡填塞,表面加做防水层,以防止雨水浸入或异物堵塞。墙面勾缝,是指在砌砖墙时,利用砌砖的砂浆随砌随勾,达到合格为准。墙面勾缝分为原浆勾缝和加浆勾缝。

墙面勾缝一般采用1:1水泥砂浆(1:1指水泥与细砂之比),也可用砌筑砂浆,随砌随勾,缝的深度一般为4~5mm。墙面勾缝应横平竖直,深浅一致。搭接平整并压实抹光,不得有丢缝、开裂和粘结不平等现象。

采用原浆勾缝,其砂浆与原砌筑体砂浆相同,工料乘以系数0.55,加浆勾缝的砂浆为1:1水泥砂浆,每100m^2需水泥砂浆0.25m^3。

(3)砌筑砂浆的配合比。由配合比设计确定,常用砌筑砂浆参考配合比见表5-5和表5-6。

表 5-5　　　　　　　　常用水泥砂浆参考配合比

水泥强度等级	砂浆强度等级			
	M10	M7.5	M5.0	M2.5
42.5 级	1∶5.5	1∶6.7	1∶8.6	1∶13.5
32.5 级	1∶4.8	1∶5.7	1∶7.1	1∶11.5
27.5 级		1∶5.2	1∶6.8	1∶10.5

表 5-6　　　　　　　　常用混合砂浆参考配合比

砂浆强度等级	水泥强度等级	配合比(体积比) 水泥∶石灰膏∶砂	每立方米用料(kg)		
			水泥	石灰膏	砂子
M1	32.5 级	1∶3.0∶17.5	88.5	265.5	1500
M2.5	32.5 级	1∶2∶12.5	120	240	1500
M5.0	32.5 级	1∶1∶8.5	176	176	1500
M7.5	32.5 级	1∶0.8∶7.2	207	166	1450
M10	32.5 级	1∶0.5∶7.5	264	132	1450

防水砂浆的配合比一般采用1∶(2.5～3),水灰比(水与水泥之比例)应在0.5～0.55之间,水泥选用42.5级以上的普通硅酸盐水泥,砂子最好使用中砂。

7. 拱券石、石券脸、金刚墙砌筑

拱券石应选用质地细密的花岗石、砂岩石等,加工成上宽下窄的楔形石块。石块一侧有榫头,另一侧有榫眼,拱券时相互扣合,再用1∶2水泥砂浆砌筑连接。石券脸是指石券最外端的一圈旋石外面的部位。

金刚墙又称"平水墙",是指券脚下的垂直承重墙。金刚墙是一种加固性质的墙。古建筑中对凡是看不见的加固墙统称为金刚墙。梢孔(即边孔)内侧以内的金刚墙一般做成分水尖形,故称为"分水金刚墙",梢孔外侧的叫"两边金刚墙"。金刚墙砌筑是指将砂浆作为胶结材料将石材结合成墙体的整体,以满足正常使用要求及承受各种荷载。

8. 石桥面铺筑

桥面是指桥梁上构件的上表面。通常布置要求为线型平顺，与路线顺利搭接。桥梁平面布置应尽量采用正交方式，避免与河流或桥上路线斜交。受条件限制时，跨线桥斜度不宜超过 15°，在通航河流上不宜超过 15°。

石桥面铺筑是指桥面一般用石板、石条铺砌，在桥面铺石层下应做防水层，采用 1mm 厚沥青和石棉沥青各一层做底。石棉沥青用 30%的七级石棉 60 号石油沥青 70%混合而成，在其上铺沥青麻布一层，再敷石棉沥青和纯沥青各一道做防水面层，防止开裂。

9. 石桥面檐板

建筑物屋顶在檐墙的顶部位置称为檐口，钉在檐口处起封闭作用的板称为檐板。

石桥面檐板是指钉在石桥面檐口处起封闭作用的板。桥面板铺设是指桥面板用石板铺设。铺设时，要求横梁间距一般不大于 1.8m，石板厚度应在 80mm 以上。

10. 石汀步（步石、飞石）

石汀步又称步石、飞石。浅水中按一定间距布设块石，微露水面，使人跨步而过。

11. 木制步桥

木制步桥是指建筑在庭园内的、由木材加工制作的、立桥孔洞 5m 以内、供游人通行兼有观赏价值的桥梁。这种桥易与园林环境融为一体，但其承载量有限，且不宜长期保存。

12. 栈道

栈道原指沿悬崖峭壁修建的一种道路。近年来，在一些经济条件较好的大中城市出现了用木材作为面层材料的园路，称为木栈道。因天然木材具有独特的质感、色调和纹理，令步行者感到更为舒适，因此颇受欢迎，但造价和维护费用相对较高。所选的木材一般要经防腐处理，因此，从保护环境和方便养护出发，应尽量选择耐久性强的木材，或加压注入的防腐剂对环境污染小的木材,国内多选用杉木。铺设方法和构造与室内木地板的铺设相似,但所选模板和龙骨材料厚度应大于室内,并应在木材表面涂刷防水剂、表面保护剂,且最好每两年涂刷一次着色剂。

三、工程量计算实例

【例 5-1】 某城市绿化需要进行广场路面的铺设(无路牙),该广场为圆形,其半径为 16.5m,图 5-2 为广场园路局部剖面图。试计算其工程量。

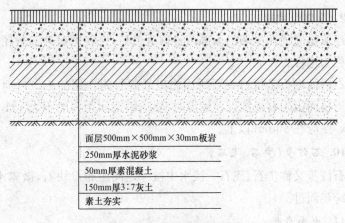

图 5-2 某广场园路局部剖面图

【解】 工程量计算结果见表 5-7。

表 5-7　　　　　　　　　　工程量计算表

项目编码	项目名称	计算式	工程量合计	计量单位
050201001001	园路	$S=3.14\times16.5^2$	854.87	m^2

【例 5-2】 某道路长为 300m,为满足设计要求,需要在其道路的路面两侧安置路牙,平路牙如图 5-3 所示,试计算其工程量。

【解】 工程量计算结果见表 5-8。

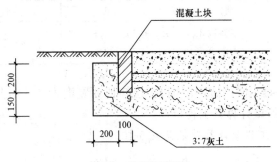

图 5-3 平路牙示意图

表 5-8 　　　　　　　　　　工程量计算表

项目编码	项目名称	计算式	工程量合计	计量单位
050201003001	路牙铺设	$L=2\times300$	600.00	m

【例 5-3】 图 5-4 所示为一个树池平面和围牙立面,试计算围牙工程量(围牙平铺)。

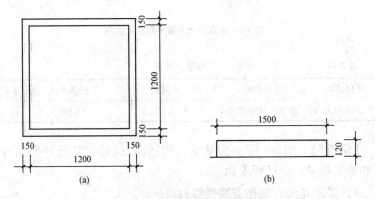

图 5-4 树池平面与围牙立面示意图
(a)树池平面;(b)围牙立面

【解】 工程量计算结果见表 5-9。

表 5-9　　　　　　　　　　工程量计算表

项目编码	项目名称	计算式	工程量合计	计量单位
050201004001	树池围牙、盖板(箅子)	$L=(0.15+1.2+0.15)\times2+1.2\times2$	5.40	m

【例 5-4】　嵌草砖地面铺装,已知地面宽度为 2.5m,其他尺寸如图 5-5 所示,试计算其工程量。

【解】　工程量计算结果见表 5-10。

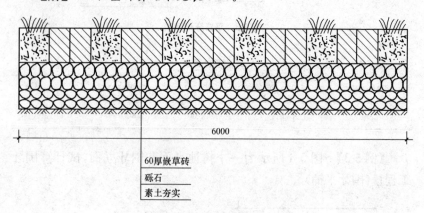

图 5-5　嵌草砖地面铺装局部示意图

表 5-10　　　　　　　　　　工程量计算表

项目编码	项目名称	计算式	工程量合计	计量单位
050201005001	嵌草砖(格)铺装	$S=6\times2.5$	15.00	m^2

【例 5-5】　图 5-6 所示为某拱桥构造图,试根据其设计要求计算石券脸工程量。设计要求如下:

(1)采用花岗石制作安装拱券石。

(2)采用青白石进行石券脸的制作安装。

(3)桥洞底板为钢筋混凝土处理。

(4)桥基细石安装用金刚墙青白石,厚 20cm。

第五章 园路、园桥工程工程量计算

【解】 工程量计算结果见表5-11。

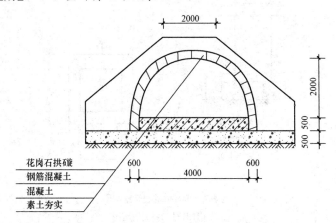

图5-6 某拱桥构造图

表5-11 工程量计算表

项目编码	项目名称	计算式	工程量合计	计量单位
050201009001	石券脸	$S=0.5\times3.14\times(2.6^2-2.0^2)\times2+0.6\times0.5\times2\times2.0$	9.87	m^2

【例5-6】 某石桥有6个桥墩,其基础如图5-7所示,试计算其工程量。

【解】 工程量计算结果见表5-12。

表5-12 工程量计算表

项目编码	项目名称	计算式	工程量合计	计量单位
050201006001	桥基础	$V=(0.8+0.18+0.18)\times(0.8+0.18+0.18)\times0.2\times6$	1.61	m^3

【例5-7】 图5-8为某园林中的一座平桥,按照设计要求,桥面为青白石石板铺装,石板厚0.1m,石板下做防水层,采用1mm厚沥青和石棉沥青各一层做底,试计算其工程量。

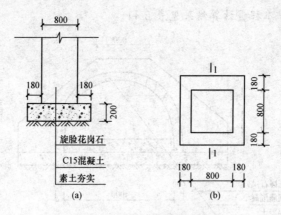

图 5-7　某石桥基础示意图

(a)平面图；(b)1—1 剖面图

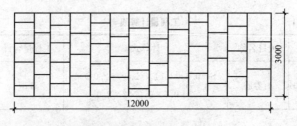

图 5-8　某园林平桥平面图

【解】　工程量计算结果见表 5-13。

表 5-13　　　　　　　　　　工程量计算表

项目编码	项目名称	计算式	工程量合计	计量单位
050201011001	石桥面铺筑	$S=120\times3$	360.00	m^2

【例 5-8】　图 5-9 为某公园步桥平面图，以天然木材为材料，试计算其工程量。

【解】　工程量计算结果见表 5-14。

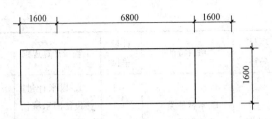

图 5-9 某公园木制步桥平面图

表 5-14　　　　　　　　　　工程量计算表

项目编码	项目名称	计算式	工程量合计	计量单位
050201014001	木制步桥	$S=6.8\times1.6$	10.88	m^2

第三节　驳岸、护岸

一、驳岸、护岸清单项目设置及工程量计算说明

1. 驳岸、护岸清单项目设置

驳岸、护岸工程量清单项目设置、项目特征描述的内容、计量单位、工作内容应按《园林绿化工程工程量计算规范》(GB 50858—2013)中 B.2 的规定执行,内容详见表 5-15。

表 5-15　　　　　　　　驳岸、护岸(编码:050202)

项目编码	项目名称	项目特征	计量单位	工程量计算规则	工作内容
050202001	石(卵石)砌驳岸	1. 石料种类、规格 2. 驳岸截面、长度 3. 勾缝要求 4. 砂浆强度等级、配合比	1. m^3 2. t	1. 以立方米计量,按设计图示尺寸以体积计算 2. 以吨计量,按质量计算	1. 石料加工 2. 砌石(卵石) 3. 勾缝

续表

项目编码	项目名称	项目特征	计量单位	工程量计算规则	工作内容
050202002	原木桩驳岸	1. 木材种类 2. 桩直径 3. 桩单根长度 4. 防护材料种类	1. m 2. 根	1. 以米计量,按设计图示桩长(包括桩尖)计算 2. 以根计量,按设计图示数量计算	1. 木桩加工 2. 打木桩 3. 刷防护材料
050202003	满(散)铺砂卵石护岸(自然护岸)	1. 护岸平均宽度 2. 粗细砂比例 3. 卵石粒径	1. m² 2. t	1. 以平方米计量,按设计图示尺寸以护岸展开面积计算 2. 以吨计量,按卵石使用质量计算	1. 修边坡 2. 铺卵石
050202004	点(散)布大卵石	1. 大卵石粒径 2. 数量	1. 块(个) 2. t	1. 以块(个)计量,按设计图示数量计算 2. 以吨计量,按卵石使用质量计算	1. 布石 2. 安砌 3. 成型
050202005	框格花木护岸	1. 展开宽度 2. 护坡材质 3. 框格种类与规格	m²	按设计图示尺寸展开宽度乘以长度以面积计算	1. 修边坡 2. 安放框格

2. 工程量计算说明

(1)驳岸工程的挖土方、开凿石方、回填等应按国家现行标准《房屋建筑与装饰工程工程量计算规范》(GB 50854—2013)附录 A 相关项目编码列项。

(2) 木桩钎(梅花桩)按原木桩驳岸项目单独编码列项。

(3) 钢筋混凝土仿木桩驳岸,其钢筋混凝土及表面装饰应按国家现行标准《房屋建筑与装饰工程工程量计算规范》(GB 50854—2013)相关项目编码列项,若表面"塑松皮"则按《园林绿化工程工程量计算规范》(GB 50858—2013)附录C"园林景观工程"相关项目编码列项。

(4) 框格花木护岸的铺草皮、撒草籽等应按《园林绿化工程工程量计算规范》(GB 50858—2013)附录A"绿化工程"相关项目编码列项。

二、驳岸、护岸清单项目特征描述

1. 石(卵石)砌驳岸

石(卵石)砌驳岸是指采用天然山石,不经人工整形,顺其自然石形砌筑而成的崎岖、曲折、凹凸变化的自然山石驳岸。这种驳岸适用于水石庭院、园林湖池、假山山涧等水体。

驳岸要求基础坚固,埋入湖底深度不得小于50cm,基础宽度要求在驳岸高度的0.6~0.8倍范围内。墙身要确保一定的厚度。墙体高度根据最高水位和水面浪高来确定。

2. 原木桩驳岸

原木桩驳岸是指取伐倒木的树干或适用的粗枝,按枝种、树径和作用的不同,横向截断成规定长度的木材打桩成的驳岸。

木桩要求耐腐、耐湿、坚固、无虫蛀,如柏木、松木、橡树、杉木等。木桩的规格取决于驳岸的要求和地基的土质情况,一般直径10~15cm,长1~2m,弯曲度(d/l)小于1%。

3. 满(散)铺砂卵石护岸(自然驳岸)

满(散)铺砂卵石护岸是指将大量的卵石、砂石等按一定级配与层次堆积、散铺于斜坡式岸边,使坡面土壤的密实度增大,抗坍塌的能力也随之增强。在水体岸坡上采用这种护岸方式,在固定坡土上能起到一定的作用,还能够使坡面得到很好的绿化和美化。

4. 框格花木护岸

框格花木护岸一般是用预制的混凝土框格覆盖、固定在陡坡坡面,从而固定、保护了坡面,坡面上仍可种草种树。当坡面很高、坡度很大时,采用这种护坡方式的优点比较明显。因此,这种护坡适用于较高的道路边坡、水坝边坡、河堤边坡等陡坡。

三、工程量计算实例

【例 5-9】 如图 5-10 所示为某动物园驳岸局部图,该部分驳岸长 8m、宽 2m,试计算该部分驳岸工程量。

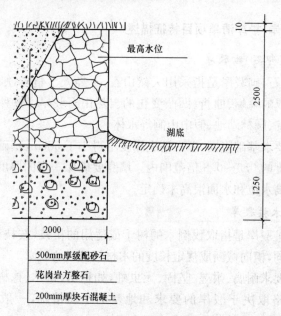

图 5-10 某动物园驳岸局部剖面图

【解】 工程量计算结果见表 5-15。

表 5-15　　　　　　　　工程量计算表

项目编码	项目名称	计算式	工程量合计	计量单位
050202001001	石(卵石)砌驳岸	$V=8\times 2\times(1.25+2.5)$	60.00	m^3

第五章 园路、园桥工程工程量计算

【例 5-10】 图 5-11 所示，某园林人工湖驳岸为原木桩。根据设计要求，所有木桩为柏木桩，桩高为 1.6m，直径为 13.5cm，共 4 排，桩距为 25cm，试计算其工程量。

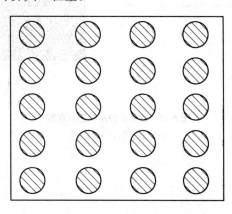

图 5-11 原木桩驳岸平面示意图

【解】 工程量计算结果见表 5-16。

表 5-16　　　　　　　　　　工程量计算表

项目编码	项目名称	计算式	工程量合计	计量单位
050202002001	原木桩驳岸	$L=1.6\times20$	32m 或 20 根	m 或根

【例 5-11】 某水景岸坡散铺砂卵石来保证岸坡稳定，该水池长 12m，宽 8m，岸坡宽 3m，如图 5-12 所示，试计算护岸工程量。

【解】 工程量计算结果见表 5-17。

表 5-17　　　　　　　　　　工程量计算表

项目编码	项目名称	计算式	工程量合计	计量单位
050202003001	满（散）铺砂卵石护岸（自然护岸）	$S=(12+8)\times2\times3$	120.00	m²

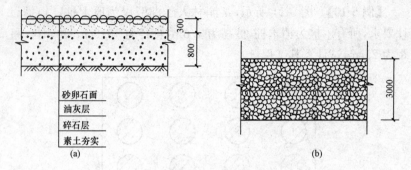

图 5-12　砂卵石护岸构造示意图
(a)剖面图；(b)平面图

第六章 园林景观工程工程量计算

第一节 园林景观工程概述

园林是人类文化遗产的一个重要组成部分,世界上曾经有过发达文化的民族和地区,必然有其独特的造园风格,因此通常把世界园林分为东方和西方两大体系。东方古典园林主要包括中国古典园林和日本古典园林;西方古典园林主要包括古埃及园林、古巴比伦园林、古希腊园林及古罗马园林。东方园林以自然式为主,西方园林以规则式为主。园林景观的设计要素主要包括植物、道路、地形、水体、园林建筑及小品。各要素之间的组合规律包括多样统一、对称与均衡、对比与协调、比例与尺度、抽象与具象及节奏与韵律。点、线、面、体是园林景观的表现形式,同时还有色彩及质感的变化。传统园林艺术讲求立意、因地制宜、构园得体,要做到虽由人作,却宛自天开。

一、园林景观的内容和设计类型

园林景观主要包括自然景观和人文景观两部分,自然景观主要是指山体、水系、植被、农田等。人文景观主要是指建筑物、构筑物、街道、广场、园林小品和历史文物遗迹、文物的保护。

园林景观的设计类型主要包括功能性和装饰性两种。功能性类型主要是指建筑物的层数、体量,如附属于街道、广场和公园上的园路、坐凳、石桌、垃圾箱、灯具、亭、廊等。装饰性类型主要是指建筑物的造型、色彩,如附属于街道、广场和公园上的花坛、雕塑、喷泉、小品、灯光等。

二、假山分类及材料

假山是园林中以造景为目的,用土、石等材料构筑的山。假山具有多方面的造景功能,如构成园林的主景或地形骨架,划分和组织园林空间,布置庭院、驳岸、护坡、挡土,设置自然式花台。还可以与园林建筑、园路、场地和园林植物组合成富有变化的景致,借以减少人工气氛,增添自然生趣,使园林建筑融汇到山水环境中。因此,假山成为表现中国自然山水园的特征之一。

1. 假山分类

假山按材料可分为土山、石山和土石相间的山(土多称土山戴石,石多称石山戴土);按施工方式可分为筑山(版筑土山)、掇山(用山石掇合成山)、凿山(开凿自然岩石成山)和塑山(传统是用石灰浆塑成的,现代是用水泥、砖、钢丝网等塑成的假山,如岭南庭园);按在园林中的位置和用途可分为园山、厅山、楼山、阁山、书房山、池山、室内山、壁山和兽山;按组合形态可分为山体和水体。山体包括峰、峦、顶、岭、谷、壑、岗、壁、岩、岫、洞、坞、麓、台、磴道和栈道;水体包括泉、瀑、潭、溪、涧、池、矶和汀石等。山水结合一体,才相得益彰。

2. 假山材料

假山材料种类,见表6-1。

表6-1 假山材料种类

序号	类别	说明
1	基础材料	(1)木桩基材料。这是一种古老的基础做法,但至今仍有实用价值,木桩多选用柏木桩或杉木桩,选取其中较平直而又耐水湿的作为桩基材料。木桩顶面的直径为10～15cm,平面布置按梅花形排列,故称"梅花桩"。 (2)灰土基础材料。北方园林中位于陆地上的假山多采用灰土基础,灰土基础有比较好的凝固条件。灰土一经凝固便不透水,可以减少土壤冻胀的破坏。这种基础的材料主要是用石灰和素土按3:7的比例混合而成。 (3)浆砌块石基础材料。这是采用水泥砂浆或石灰砂浆砌筑块石的假山基础。可用1:2.5或1:3水泥砂浆砌一层块石,厚度为300～500mm;水下砌筑所用水泥砂浆的比例应为1:2。 (4)混凝土基础材料。现代的假山多采用浆砌块石或混凝土基础。陆地上选用不低于C10的混凝土,水中假山基础采用C15水泥砂浆砌块石,或C20素混凝土作基础为妥

续一

序号	类别	说　明
2	山石材料	(1)湖石。湖石是经过熔融的石灰岩,因其产于湖泊而得此名。尤其是原产于太湖的太湖石,在江南园林中运用最为普遍,也是历史上开发较早的一类山石。湖石在我国分布很广,只不过在色泽、纹理和形态方面有些差别。 (2)黄石。黄石是一种呈茶黄色的细砂岩,因其黄色而得名。质重、坚硬、形态浑厚沉实、拙重顽夯,且具有雄浑挺括之美。其大多产于山区,但以江苏常熟虞山质地为最好。 采下的单块黄石多呈方形或长方墩状,少有极长或薄片状者。由于黄石节理接近于相互垂直,所形成的峰面具有棱角,锋芒毕露,棱角两面具有明暗对比、立体感较强的特点,无论掇山、理水都能发挥出其石形的特色。 (3)青石。青石属于水成岩中呈青灰色的细砂岩,质地纯净杂质少。由于是沉积而成的岩石,石内就有一些水平层理。水平层的间隔一般不大,所以石形大多为片状,有"青云片"的称谓。石形也有一些块状的,但成厚墩状者较少。这种石材的石面有相互交织的斜纹,黄石一般是相互垂直的直纹。 (4)石笋。石笋颜色多为淡灰绿色、土红灰色或灰黑色。质重而脆,是一种长形的砾岩岩石。石形修长呈条柱状,立于地上即为石笋,顺其纹理可竖向劈分。石柱中含有白色的小砾石,如白果般大小。石面上"白果"未风化的,称为龙岩;若石面砾石已风化成一个个小穴窠,则称为风岩。石面还有不规则的裂纹。石笋石产于浙江与江西交界的常山、玉山一带。 (5)钟乳石。钟乳石多为乳白色、乳黄色、土黄色等颜色;质优者洁白如玉,作石景珍品;质色稍差者可作假山。钟乳石质重、坚硬,是石灰岩被水溶解后又在山洞、崖下沉淀生成的一种石灰华,石形变化大。石内较少孔洞,石的断面可见同心层状构造。这种山石的形状千奇百怪,石面肌理丰腴,用水泥砂浆砌假山时附着力强,山石结合牢固,山形可根据设计需要随意变化。钟乳石主要分布于我国南方和西南地区。

续二

序号	类别	说　　明
2	山石材料	(6)石蛋。石蛋即大卵石，产于河床之中，经流水的冲击和相互摩擦磨去棱角而成。大卵石的石质有花岗石、砂岩、流纹岩等，颜色白、黄、红、绿、蓝等各色都有。 　　这类石多用作园林的配景小品，如路边、草坪、水池旁等处的石桌石凳；棕树、蒲葵、芭蕉、海芋等植物处的石景。 　　(7)黄蜡石。黄蜡石是具有蜡质光泽，圆光面形的墩状块石，也有呈条状的。其产地主要分布在我国南方各地。此石以石形变化大而无破损、无灰砂，表面滑若凝脂、石质晶莹润泽者为上品。一般也多用作庭园石景小品，将墩、条配合使用，成为更富于变化的组合景观。 　　(8)水秀石。水秀石颜色有黄白色、土黄色至红褐色，是石灰岩的砂泥碎屑，随着含有碳酸钙的地表水被冲到低洼地或山崖下沉淀凝结而成。石质不硬，疏松多空，石内含有草根、苔藓、枯枝化石和树叶印痕等，易于雕琢。其石面形状有纵横交错的树枝状、草秆化石状、杂骨状、粒状、蜂窝状等凹凸形状
3	填充材料	填充式结构假山的山体内部填充材料主要有泥土、无用的碎砖、石块、灰块、建筑渣土、废砖石、混凝土。混凝土是采用水泥、砂、石按 1∶2∶4～1∶2∶6 的比例搅拌配制而成
4	胶结材料	胶结材料是指将山石粘结起来掇石成山的一些常用粘结性材料，如水泥、石灰、砂和颜料等，市场供应比较普遍。粘结时拌和成砂浆，受潮部分使用水泥砂浆，水泥与砂配合比为 1∶1.5～1∶2.5；不受潮部分使用混合砂浆，水泥∶石灰∶砂＝1∶3∶6。水泥砂浆干燥比较快，不怕水；混合砂浆干燥较慢，怕水，但强度较水泥砂浆高，价格也较低廉。 　　假山所用石材如果是灰色、青灰色山石，则在抹缝完成后直接用扫帚将缝口表面扫干净，同时，也使水泥缝口的抹光表面不再光滑，从而更加接近石面的质地。对于假山采用灰白色湖石砌筑的，要用灰白色石灰砂浆抹缝，使色泽近似。采用灰黑色山石砌筑的假山，可在抹缝的水泥砂浆中加入炭黑，调制成灰黑色浆体后再抹缝。对于土黄色山石的抹缝，则应在水泥砂浆中加进柠檬铬黄。如果是用紫色、红色的山石砌筑假山，可以采用铁红把水泥砂浆调制成紫红色浆体再用来抹缝等

三、原木、竹构件分类

原木、竹构件是指由原木、竹做成的构件。

原木主要取伐倒木的树干或适用的粗枝,按树种、树径和用途的不同,横向截断成规定长度的木材。

原木是商品木材供应中最主要的材种,分为直接用原木和加工用原木两大类。直接用原木有坑木、电杆和桩木;加工用原木又分为一般加工用材和特殊加工用材。特殊加工用的原木有造船材、车辆材和胶合板材。各种原木的径级、长度、树种及材质要求,由国家标准规定。

四、花架的形式及材料

花架是用刚性材料构成一定形状的格架供攀缘植物攀附的园林设施,又称棚架、绿廊。花架可作遮阴休息之用,并可点缀园景。花架有两方面作用,一方面供人歇足休息、欣赏风景;另一方面创造攀缘植物生长的条件。

1. 花架的形式

(1)廊式花架。最常见的形式为片版支承于左右梁柱上,游人可入内休息。

(2)片式花架。片版嵌固于单向梁柱上,两边或一面悬挑,形体轻盈活泼。

(3)独立式花架。以各种材料作空格,构成墙垣、花瓶、伞亭等形状,用藤本植物缠绕成形,供观赏用。

2. 花架的材料

(1)竹木材:朴实、自然、价廉、易于加工,但耐久性差。竹材限于强度及断面尺寸,梁柱间距不宜过大。

(2)钢筋混凝土:可根据设计要求浇灌成各种形状,也可做成预制构件,现场安装、灵活多样、经久耐用,使用最为广泛。

(3)石材:厚实耐用,但运输不便,常用块料作花架柱。

(4)金属材料:轻巧易制,构件断面及自重均小,采用时要注意使用地区和选择攀缘植物种类,以免炙伤嫩枝叶,并应经常涂油漆养护,以防脱漆腐蚀。

五、喷泉的形式及图例

1. 喷泉的形式

喷泉是一种独立的艺术品,能够增加空间的空气湿度,减少尘埃,大大增加了空气中负氧离子的浓度,因而也有益于改善环境,增进人们的身心健康。

喷泉的种类和形式很多,如图6-1所示,大体上可以分为以下四类。

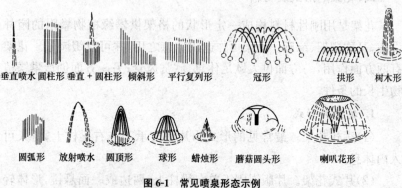

图6-1 常见喷泉形态示例

(1)普通装饰性喷泉。是由各种普通的水花图案组成的固定喷水型喷泉。

(2)与雕塑结合的喷泉。喷泉的各种喷水花型与雕塑、水盘、观赏柱等共同组成景观。

(3)水雕塑。用人工或机械塑造出各种抽象的或具象的喷水水形,使其水形呈某种艺术性"形体"的造型。

(4)自控喷泉。是利用各种电子技术,按设计程序来控制水、光、音、色的变化,从而形成奇幻多姿的奇异水景。

2. 喷泉工程图例

喷泉工程图例见表 6-2。

表 6-2　　　　　　　　　　喷泉工程图例

序号	名称	图　例	说　明
1	喷泉		仅表示位置，不表示具体形态
2	阀门（通用）、截止阀		（1）没有说明时，表示螺纹连接 法兰连接时 焊接时 （2）轴测图画法： 阀杆为垂直 阀杆为水平
3	闸阀		
4	手动调节阀		
5	球阀、转心阀		
6	蝶阀		
7	角阀	或	
8	平衡阀		
9	三通阀	或	

续一

序号	名称	图例	说明
10	四通阀	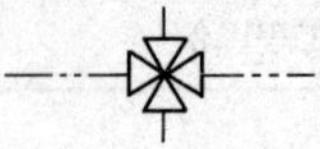	
11	节流阀		
12	膨胀阀	 	也称"隔膜阀"
13	旋塞		
14	快放阀		也称"快速排污阀"
15	止回阀		左、中为通用画法,流法均由空白三角形至非空白三角形;中也代表升降式止回阀;右代表旋启式止回阀
16	减压阀	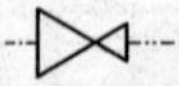 	左图小三角为高压端,右图右侧为高压端。其余同阀门类推
17	安全阀	 	左图为通用,中为弹簧安全阀,右为重锤安全阀
18	疏水阀	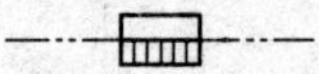	在不致引起误解时,也可用  ——⦵—— 表示,也称"疏水器"
19	浮球阀	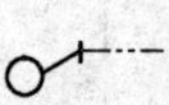 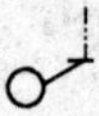	

续二

序号	名称	图例	说明
20	集气罐、排气装置	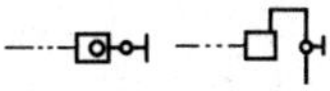	左图为平面图
21	自动排气阀		
22	除污器（过滤器）	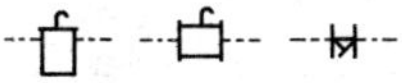	左为立式除污器，中为卧式除污器，右为Y型过滤器
23	节流孔板、减压孔板	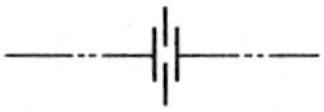	在不致引起误解时，也可用  ———┤├——— 表示
24	补偿器（通用）		也称"伸缩器"
25	矩形补偿器	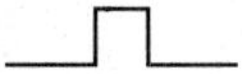	
26	套管补偿器		
27	波纹管补偿器	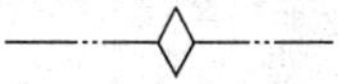	
28	弧形补偿器		
29	球形补偿器	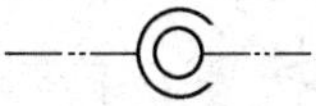	
30	变径管、异径管	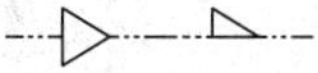	左图为同心异径管，右图为偏心异径管

续三

序号	名称	图例	说明
31	活接头		
32	法兰		
33	法兰盖		
34	丝堵		也可表示为：
35	可曲挠橡胶软接头		
36	金属软管		也可表示为：
37	绝热管		
38	保护套管		
39	伴热管		
40	固定支架		
41	介质流向	→ 或 ⇨	在管道断开处时，流向符号宜标注在管道中心线上，其余可同管径标注位置
42	坡度及坡向	$i=0.003$ 或 →$i=0.003$	坡度数值不宜与管道起、止点标高同时标注。标注位置同管径标注位置

续四

序号	名称	图例	说明
43	套管伸缩器		
44	方形伸缩器		
45	刚性防水套管		
46	柔性防水套管		
47	波纹管		
48	可曲挠橡胶接头		
49	管道固定支架		
50	管道滑动支架		
51	立管检查口		
52	水 泵	平面　系统	
53	潜水泵		

续五

序号	名称	图例	说明
54	定量泵		
55	管道泵		
56	清扫口	平面　系统	
57	通气帽	成品　铅丝球	
58	雨水斗	YD- 平面　YD- 系统	
59	排水漏斗	平面　系统	
60	圆形地漏		通用。如为无水封,地漏应加存水弯
61	方形地漏		
62	自动冲洗水箱		
63	挡墩		

续六

序号	名称	图例	说明
64	减压孔板		
65	除垢器		
66	水锤消除器		
67	浮球液位器		
68	搅拌器		

六、杂项工程图例

园林景观杂项工程常用图例见表 6-3。

表 6-3　　　　　　　　园林景观杂项工程常用图例

序号	名称	图例	说明
1	雕塑		
2	花台		仅表示位置,不表示具体形态。也可依据设计形态表示
3	坐凳		
4	花架		

续表

序号	名称	图例	说明
5	围墙		上图为实砌或镂空围墙；下图为栅栏或篱笆围墙
6	栏杆		上图为非金属栏杆；下图为金属栏杆
7	园灯		
8	饮水台		
9	指示牌		

第二节 堆塑假山

一、堆塑假山清单项目设置及工程量计算说明

1. 堆塑假山清单项目设置

堆塑假山工程量清单项目设置、项目特征描述的内容、计量单位、工作内容应按《园林绿化工程工程量计算规范》(GB 50858—2013)中C.1 的规定执行，内容详见表 6-4。

表 6-4　　　　　　　堆塑假山(编码：050301)

项目编码	项目名称	项目特征	计量单位	工程量计算规则	工作内容
050301001	堆筑土山丘	1. 土丘高度 2. 土丘坡度要求 3. 土丘底外接矩形面积	m^3	按设计图示山丘水平投影外接矩形面积乘以高度的 1/3 以体积计算	1. 取土、运土 2. 堆砌、夯实 3. 修整

第六章 园林景观工程工程量计算

续一

项目编码	项目名称	项目特征	计量单位	工程量计算规则	工作内容
050301002	堆砌石假山	1. 堆砌高度 2. 石料种类、单块重量 3. 混凝土强度等级 4. 砂浆强度等级、配合比	t	按设计图示尺寸以质量计算	1. 选料 2. 起重机搭、拆 3. 堆砌、修整
050301003	塑假山	1. 假山高度 2. 骨架材料种类、规格 3. 山皮料种类 4. 混凝土强度等级 5. 砂浆强度等级、配合比 6. 防护材料种类	m²	按设计图示尺寸以展开面积计算	1. 骨架制作 2. 假山胎模制作 3. 塑假山 4. 山皮料安装 5. 刷防护材料
050301004	石笋	1. 石笋高度 2. 石笋材料种类 3. 砂浆强度等级、配合比	支	1. 以块(支、个)计量,按设计图示数量计算 2. 以吨计量,按设计图示石料质量计算	1. 选石料 2. 石笋安装
050301005	点风景石	1. 石料种类 2. 石料规格、重量 3. 砂浆配合比	1. 块 2. t		1. 选石料 2. 起重架搭、拆 3. 点石
050301006	池、盆景置石	1. 底盘种类 2. 山石高度 3. 山石种类 4. 混凝土砂浆强度等级 5. 砂浆强度等级、配合比	1. 座 2. 个	1. 以块(支、个)计量,按设计图示数量计算 2. 以吨计量,按设计图示石料质量计算	1. 底盘制作、安装 2. 池、盆景山石安装、砌筑

续二

项目编码	项目名称	项目特征	计量单位	工程量计算规则	工作内容
050301007	山(卵)石护角	1. 石料种类、规格 2. 砂浆配合比	m³	按设计图示尺寸以体积计算	1. 石料加工 2. 砌石
050301008	山坡(卵)石台阶	1. 石料种类、规格 2. 台阶坡度 3. 砂浆强度等级	m²	按设计图示尺寸以水平投影面积计算	1. 选石料 2. 台阶砌筑

2. 工程量计算说明

(1)假山(堆筑土山丘除外)工程的挖土方、开凿石方、回填等应按国家现行标准《房屋建筑与装饰工程工程量计算规范》(GB 50854—2013)相关项目编码列项。

(2)如遇某些构配件使用钢筋混凝土或金属构件时,应按国家现行标准《房屋建筑与装饰工程工程量计算规范》(GB 50854—2013)或《市政工程工程量计算规范》(GB 50857—2013)相关项目编码列项。

(3)散铺河滩石按点风景石项目单独编码列项。

(4)堆筑土山丘,适用于夯填、堆筑而成。

二、堆塑假山清单项目特征描述

1. 堆筑土山丘

堆筑土山丘是指山体以土壤堆成,或利用原有凸起的地形、土丘,加堆土以突出其高耸的山形。因此,布置土山需要较大的园地面积。

在堆筑土山丘时为使山体稳固,常需要较宽的山麓。因此,布置土山需要较大的园地面积。《公园设计规范》(CJJ 48—1992)中规定:"地形设计应以总体设计所确定的各控制点的高程为依据。大高差或大面积填方地段的设计标高,应计入当地土壤的自然沉降系数。改造的地形坡度超过土壤的自然安息角时,应采取护坡、固土或防冲刷的工程措施。植草皮的土山最大坡度为33%,最小坡度为1%。人力剪草机修剪的草坪坡度不应大于25%。"

2. 堆砌石假山

堆砌石假山时,石山造价较高,堆山规模若是比较大,则工程费用十分高昂。因此,石假山一般规模都比较小,主要用在庭园、水池等空间比较闭合的环境中,或者在公园一角做瀑布、滴泉的山体作用。

假山石料有江南太湖石、广东英石、华北类太湖石、华北清石、山东青石、笋石、剑石、山涧水冲石等,多为石灰石经过长期风蚀、水蚀而成,因而形态各异。

3. 塑假山

塑假山是现代园林中,为了降低假山石景的造价和增强假山石景景物的整体性,常常采用水泥材料以人工塑造的方式来制作假山或石景。做人造山石,一般以铁条或钢筋为骨架做成山石模胚与骨架,再用小块的英德石贴面,贴英德石时应注意顺理皱纹,并使色泽一致,最后塑造成的山石就会比较逼真。

4. 石笋

石笋石又称白果笋、虎皮石、剑石,颜色多为淡灰绿色、土红灰色或灰黑色,重而脆,是一种长形的砾岩岩石。石形修长呈条柱状,立于地上即为石笋,顺其纹理可竖向劈分。石柱中含有白色的小砾石,如白果般大小。石面上"白果"未风化的,称为龙岩,若石面砾石已风化成一个个小穴窝,则称为风岩。石面还有不规则的裂纹。

常见石笋可分为以下四种:

(1)白果笋。白果笋是在青灰色的细砂岩中沉积了一些卵石,犹如银杏所产的白果嵌在石中,因此得名。

(2)乌炭笋。顾名思义,这是一种乌黑色的石笋,比煤炭的颜色稍浅而无甚光泽。如用浅色景物做背景,这种石笋的轮廓就更清晰。

(3)慧剑。慧剑是北京假山师傅的沿称。所指的是一种净面青灰色或灰青色的石笋。

(4)钟乳石笋。即用石灰岩经熔融形成的钟乳石倒置,或用石笋正放用于点缀绿色。

5. 点风景石

点风景石是一种点布独立不具备山形但以奇特的形状为审美特征的石质观赏品。用于点风景石的石料有湖石。点风景石还可结合它的挡土、护坡和作为种植床等实用功能,用于点缀风景园林空间。点风景石时要注意石身的形状和纹理,宜立则立,宜卧则卧,纹理和背向需要一致,其选石多半应选具有"透、漏、瘦、皱、丑"特点的具有观赏性的石材。点风景石所用的山石材料较少,结构比较简单,施工也相对简单。

6. 池、盆景置石

池石是布置在水池中的点风景石。盆景山是在园林露地庭院中布置的大型的山水盆景。

山石高度:池石的山石高度要与环境空间和水池的体量相称,石景(如单峰石)的高度应小于水池长度的一半。

山石种类:目前常用的,在古代假山中最重要的假山石种类有湖石(太湖石、仲宫石、房山石、英德石、宣石)、黄石、青石、石笋石、钟乳石、水秀石、云母片石、大卵石和黄蜡石。

7. 山(卵)石护角

山(卵)石护角是指土山或堆石山的山角堆砌的山石,起挡土石和点缀的作用,它是带土假山的一种做法。

(1)石料的种类。主要有花岗石、汉白玉和青白石三种。

1)花岗石。花岗石属于酸性结晶深成岩,是火成岩中分布最广的岩石,其主要矿物组成为长石、石英和少量云母。

2)汉白玉。汉白玉是一种纯白色大理石,因其石质晶莹纯净、洁白如玉、熠熠生辉而得名。汉白玉石料指的就是这种大理石。

3)青白石。颜色为青白色,是石灰岩的俗称。

(2)石料的规格。

1)片石厚度不得小于15cm,块石厚度为20～30cm,形状大致方正,应有两个较大的平行面,宽度为厚度的1～1.5倍,长度为厚度的1.5～3倍。

2)每层的石料高度大致一样并且要错缝砌筑。

3)粗料石厚度不得小于20cm,宽度为厚度的1～1.5倍,长度为厚度的1.5～4倍,要错缝砌筑。

4)城市桥梁,当采用片石和块石砌筑时,宜采用料石或混凝土块镶面。

8. 山坡(卵)石台阶

山坡(卵)石台指随山坡而砌,多使用不规整的块石,砌筑的台阶一般无严格统一的每步台阶高度限制,踏步和踢脚无须石表面加工或有少许加工(打荒)。制作山坡石台阶所用石料规格应符合要求,一般片石厚度不得小于15cm,不得有尖锐棱角;块石应有两个较大的平行面,形状大致方正,厚度为20～30cm,宽度为厚度的1～1.5倍,长度为厚度的1.5～3倍,粗料石厚度不得小于20cm,宽度为厚度的1～1.5倍,长度为厚度的1.5～4倍,要错缝砌筑。

常用做台阶的石材有自然石(如六方石、圆石、鹅卵石)及整形切石、石板等。木材则有杉、桧等的角材或圆木柱等。其他材料如红砖、水泥砖、钢铁等都可以选用。除此之外,还有各种贴面材料,如石板、洗石子、瓷砖、磨石子等。台阶石有着美观、时尚、环保、抗老化、不变形的性能优点,可广泛用于市政、水利、公园、交通桥梁等护栏工程。

踏面应做成稍有坡度,其适宜的坡度在1%为好,以利排水、防滑等。踏板突出于竖板的宽度不应超过2.5cm,以防绊跌。

三、工程量计算实例

【例6-1】 图6-2所示为某公园内的堆筑土山丘的平面图,已知该土山丘水平投影的外接矩形长12m,宽6m,假山的高度为8m,试计算其工程量。

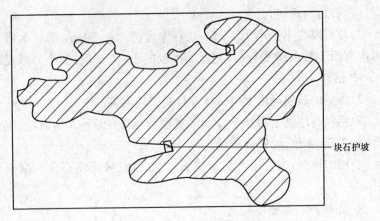

图 6-2 堆筑土山丘水平投影图

【解】 堆筑土山丘工程量＝外接矩形面积×高度×1/3
　　　　　　　　　　　　＝12×6×8×1/3
　　　　　　　　　　　　＝192(m³)

工程量计算结果见表 6-5。

表 6-5　　　　　　　　　　工程量计算表

项目编码	项目名称	项目特征描述	计量单位	工程量
050301001001	堆筑土山丘	土山丘外接矩形 长 12m,宽 6m,假山高 8m	m³	192

【例 6-2】 某公园内的一堆砌石假山,堆砌的材料为黄石,该假山的高度为 3.5m,假山的实际投影面积为 32m²,试计算其工程量。

【解】 堆砌石假山工程量计算公式如下:
$$W = AHRK_n$$
式中　W——石料重量(t);
　　　A——假山平面轮廓的水平投影面积(m²);
　　　H——假山着地点至最高顶点的垂直距离(m);
　　　R——石料比重,黄(杂)石 2.6t/m³,湖石 2.2t/m³;

K_n——折算系数,高度在 2m 以内 $K_n=0.65$,高度在 4m 以内 $K_n=0.56$。

故本例中

堆砌石假山工程量 $=32\times3.5\times2.6\times0.56=163.072(t)$

工程量计算结果见表 6-6。

表 6-6 工程量计算表

项目编码	项目名称	项目特征描述	计量单位	工程量
050301002001	堆砌石假山	山石材料为黄石,山高 3.5m	t	163.072

【例 6-3】 某公园需要建造人造假山,根据要求具体的造型尺寸标注如图 6-3 所示,石材主要是太湖石,石材间用水泥砂浆勾缝堆砌,试计算其工程量。

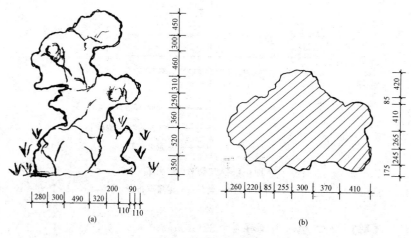

图 6-3 人造假山示意图
(a)立面图;(b)平面图

【解】 该假山的高度为 3m,$K_n=0.56$,湖石密度为 $2.2t/m^3$,则:

人造假山工程量 $=1.9\times1.6\times3\times2.2\times0.56=11.236(t)$

工程量计算结果见表 6-7。

表 6-7 工程量计算表

项目编码	项目名称	项目特征描述	计量单位	工程量
050301002001	堆砌石假山	太湖石,石材间用水泥砂浆勾缝堆砌,高度 3m	t	11.236

【例 6-4】 某公园内有一座人工塑假山,采用钢骨架,山高 9m,占地面积为 32m^2,假山地基为 35mm 厚砂石垫层,C10 混凝土厚 100mm,素土夯实,如图 6-4 所示,试计算其工程量。

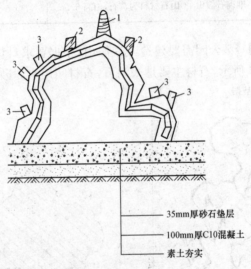

图 6-4 人工塑假山剖面图
1—白果笋;2—景石;3—零星点布石

【解】 人工塑假山工程量=32(m^2)

工程量计算结果见表 6-8。

表 6-8 工程量计算结果

项目编码	项目名称	项目特征描述	计量单位	工程量
050301003001	塑假山	人工塑假山,钢骨架,山高 9m	m^2	32

【例6-5】 某市区内的公园种植竹林,并以石笋做点缀。根据设计要求,其石笋采用白果笋,该景区共布置3支白果笋,其立面布置及造型尺寸如图6-5所示,试计算其工程量。

图6-5 白果笋点缀立面图

【解】 工程量计算结果见表6-9。

表6-9　　　　　　　　　　工程量计算表

项目编码	项目名称	项目特征描述	计量单位	工程量
050301004001	石笋	白果笋,高3.2m	支	1
050301004002	石笋	白果笋,高2.2m	支	1
050301004003	石笋	白果笋,高1.5m	支	1

【例6-6】 某公园草地上零星点布5块风景石,其平面布置如图6-6所示,石材选用太湖石,试计算其工程量。

【解】 点风景石工程量=5块

工程量计算结果见表6-10。

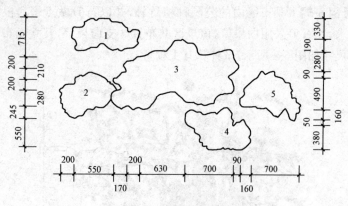

图 6-6 点布景石平面图

表 6-10 工程量计算表

项目编码	项目名称	项目特征描述	计量单位	工程量
050301005001	点风景石	太湖石	块	5

【例 6-7】 某景区人工湖中有一单峰石石景,其材料构成为黄石,底盘为正方形混凝土,底盘高度为 4.6m,水平投影面积为 16.8m²,试计算其工程量。

【解】 池石工程量=1 座

工程量计算结果见表 6-11。

表 6-11 工程量计算表

项目编码	项目名称	项目特征描述	计量单位	工程量
050301006001	池、盆景置石	混凝土底盘、山高 4.6m,水平投影面积为 16.8m²,黄石结构,单峰石石景	座	1

【例 6-8】 图 6-7 所示为某景区内的一带土假山,根据设计要求的规定:

(1)需要在假山的拐角处设置山石护角,每块石的规格为 1.5m× 0.6m×0.8m。

(2)假山中修有山石台阶,每个台阶的规格为 0.6m×0.4m×0.3m。

(3)台阶共 8 级,为 C10 混凝土,厚度为 130mm,表面抹水泥抹面,素土夯实,山石材料为黄石。

根据上述设计要求计算工程量。

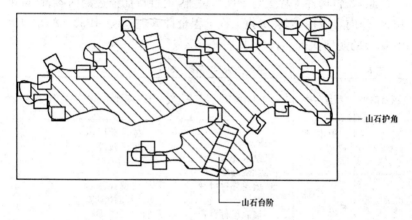

图 6-7 带土假山示意图

【解】 (1)山石护角工程量=长×宽×高
$$= 1.5×0.6×0.8 = 0.72(m^3)$$

(2)山坡石台阶工程量=长×宽×台阶数=0.6×0.4×8=1.92(m^2)

工程量计算结果见表 6-12。

表 6-12　　　　　　　　　工程量计算结果

项目编码	项目名称	项目特征描述	计量单位	工程量
050301007001	山石护角	每块石长 1.5m,宽 0.6m,高 0.8m	m^3	0.72
050301008001	山坡石台阶	C10 混凝土结构,表面抹水泥抹面,C10 混凝土厚度为 130mm	m^2	1.92

第三节 原木、竹构件

一、原木、竹构件清单项目设置及工程量计算说明

1. 原木、竹构件清单项目设置

原木、竹构件工程量清单项目设置、项目特征描述的内容、计量单位、工作内容应按《园林绿化工程工程量计算规范》(GB 50858—2013)中 C.2 的规定执行,内容详见表 6-13。

表 6-13   原木、竹构件(编码:050302)

项目编码	项目名称	项目特征	计量单位	工程量计算规则	工作内容
050302001	原木(带树皮)柱、梁、檩、椽	1. 原木种类 2. 原木直(梢)径(不含树皮厚度)	m	按设计图示尺寸以长度计算(包括榫长)	1. 构件制作 2. 构件安装 3. 刷防护材料
050302002	原木(带树皮)墙	3. 墙龙骨材料种类、规格 4. 墙底层材料种类、规格 5. 构件联结方式 6. 防护材料种类	m²	按设计图示尺寸以面积计算(不包括柱、梁)	
050302003	树枝吊挂楣子		m²	按设计图示尺寸以框外围面积计算	
050302004	竹柱、梁、檩、椽	1. 竹种类 2. 竹直(梢)径 3. 连接方式 4. 防护材料种类	m	按设计图示尺寸以长度计算	1. 构件制作 2. 构件安装 3. 刷防护材料
050302005	竹编墙	1. 竹种类 2. 墙龙骨材料种类、规格 3. 墙底层材料种类、规格 4. 防护材料种类	m²	按设计图示尺寸以面积计算(不包括柱、梁)	
050302006	竹吊挂楣子	1. 竹种类 2. 竹梢径 3. 防护材料种类	m²	按设计图示尺寸以框外围面积计算	

2. 工程量计算说明

(1)木构件连接方式应包括:开榫连接、铁件连接、扒钉连接、铁钉连接。

(2)竹构件连接方式应包括:竹钉固定、竹篾绑扎、铁丝连接。

二、原木、竹构件清单项目特征描述

1. 原木(带树皮)柱、梁、檩、椽

原木是商品木材供应中最主要的材种,分为直接用原木和加工用原木两大类。直接用原木有坑木、电杆和桩木;加工用原木又分为一般加工用材和特殊加工用材。特殊加工用的原木有造船材、车辆材和胶合板材。各种原木的径级、长度、树种及材质要求由国家标准规定。

(1)柱类构件是指檐柱、金柱、中柱、山柱、通柱、童柱、擎檐柱等各种圆形、方形、八角形、六角形截面的木柱。其中,垂檐金柱构造如图6-8所示。

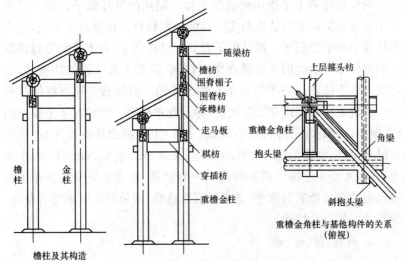

图6-8 垂檐金柱构造图

(2)梁类构件是指二、三、四、五、六、七、八、九架梁,单步梁,双步梁,三步梁,天花梁,斜梁,递角梁,抱头梁,挑尖梁,接尾梁,抹角梁,踩步金梁,承重梁,踩步梁等各种受弯承重构件。

(3)桁、檩类构件是指檐檩、金檩、脊檩、正心桁、挑檐桁、金桁、脊桁、扶脊木等构件。

2. 原木(带树皮)墙

原木(带树皮)墙是指取伐倒木的树干,也可取适用的粗枝,保留树皮,横向截断成规定长度的木材所制成的墙体,用来分隔空间。防护材料种类如下:

(1)木材常用的防腐、防虫材料有水溶性防腐剂(氟化钠、硼铬合剂、硼酚合剂、铜铬合剂)、油类防腐剂(混合防腐油、强化防腐油)、油溶性防腐剂(五氯酚、林丹和五氯酚合剂、沥青浆膏)。

(2)木材常用的防火材料有各种金属、水泥砂浆、熟石膏、耐火涂料(硅酸盐涂料、可赛银涂料、氯乙烯涂料等)。

3. 树枝吊挂楣子

树枝吊挂楣子是指用树枝编织加工制成的吊挂楣子。楣子是安装于建筑檐柱间兼有装饰和实用功能的装修件。根据位置不同,分为倒挂楣子和坐凳楣子。倒挂楣子安装于檐枋之下,有丰富和装点建筑立面的作用。坐凳楣子安装在檐下柱间,除有丰富立面的功能外,还可供人坐下休息。楣子的棂条花格形式同一般装修。还有将倒挂楣子用整块木板雕刻成花罩形式的,称为花罩楣子。倒挂楣子主要由边框、棂条以及花牙子等构件组成,楣子高(上下横边外皮尺寸)一尺至一尺半不等,临期酌定。边框断面为 $4cm \times 5cm$ 或 $4.5cm \times 6cm$,小面为看面,大面为进深。棂条断面同一般装修,花牙子是安装在楣子立边与横边交角处的装饰件,通常做双面透雕,常见的花纹图案有草龙、番草、松、竹、梅、牡丹等。

4. 竹柱、梁、檩、椽

竹柱、梁、檩、椽是指用竹材料加工制作而成的柱、梁、檩、椽,是园林中亭、廊、花架等的构件。

进行竹柱、梁、檩、椽防护时,常用的防护材料种类如下:

(1)防水材料有生漆、铝质厚漆、永明漆或熟桐油、克鲁素油、乳化石油沥青、松香和赛璐珞丙酮溶液。

(2)防火材料有水玻璃(50份)、碳酸钙(5份)、甘油(5份)、氧化铁(5份)、水(40份)混合剂。

(3)防腐材料有1‰~2‰五氯苯酚酸钠,氟硅酸钠(12份)、氨水(19份)、水(500份)混合剂,黏土(100份)、氟化钠(100份)、水(200份)混合剂。

(4)防霉、防虫材料有30号石油沥青、煤焦油、生桐油、虫胶漆、清漆、重铬酸钾(5%)、硫酸铜(3%)、氧化砷水溶液(氧化砷1%:水91%)、0.8%~1.25%硫酸铅液、1%~2%醋酸铅液、1%~2%苯酚液。

(5)防裂材料有生漆或桐油。

5. 竹编墙

竹编墙是指用竹材料编成的墙体,用来分隔空间和防护之用。竹的种类应选用质地坚硬、直径为10~15mm、尺寸均匀的竹子,并要对其进行防腐防虫处理。墙龙骨的种类有木框、竹框、水泥类面层等。

6. 竹吊挂楣子

竹吊挂楣子是指用竹编织加工制成的吊挂楣子,它是用竹材做成各种花纹图案。

竹吊挂楣子刷防护漆时应符合如下要求:

(1)在竹材表面涂刷生漆、铝质厚漆等可防水。

(2)用30号石油沥青或煤焦油,加热涂刷竹材表面,可起防虫蛀的功效。

(3)配制氟硅酸钠、氨水和水的混合剂,应每隔1h涂刷竹材一次,共涂刷三次,或将竹材浸渍于此混合剂中,可起防腐之效。

三、工程量计算实例

【例6-9】 某景观工程共计有松木制造的立柱8根,已知每根柱长 3m,直径 450mm,试计算其工程量。

【解】 原木柱工程量=3×8=24(m)

工程量计算结果见表 6-14。

表 6-14　　　　　　　　　　工程量计算表

项目编码	项目名称	项目特征描述	计量单位	工程量
050302001001	原木柱	松木,直径 450mm	m	24

【例 6-10】 某景区根据设计要求,其原木墙要做成高低参差不齐的形状,如图 6-9 所示,原木采用直径均为 12cm 的松木,试计算原木墙的工程量。

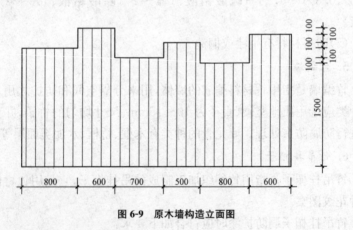

图 6-9　原木墙构造立面图

已知原木的规格如下:

高 1.5m,8 根

高 1.6m,7 根

高 1.7m,8 根

高 1.8m,5 根

高 1.9m,6 根

高 2.0m,6 根

【解】 原木墙工程量＝0.8×1.7＋0.6×2.0＋0.7×1.6＋0.5×1.8＋0.8×1.5＋0.6×1.9

＝6.92(m²)

工程量计算结果见表 6-15。

表 6-15　　　　　　　　工程量计算表

项目编码	项目名称	项目特征描述	计量单位	工程量
050302002001	原木墙	松木,直径为 12cm	m²	6.92

【例 6-11】 某工程需要采用竹编墙进行房屋的空间隔设,已知房间地板的面积为 106m²,地板为水泥地板。竹编墙长度 4.8m,宽 3.2m,墙中的龙骨也为竹制,横龙骨长为 4.8m,通贯龙骨长 4.5m,竖龙骨长 3.2m,龙骨直径为 18mm,试计算其工程量。

【解】 竹编墙工程量＝长×宽＝4.8×3.2＝15.36(m²)

工程量计算结果见表 6-16。

表 6-16　　　　　　　　工程量计算表

项目编码	项目名称	项目特征描述	计量单位	工程量
050302005001	竹编墙	墙中龙骨为竹制,横龙骨长 4.8m,通贯龙骨长 4.5m,竖龙骨长 3.2m,龙骨直径为 18mm,地板为水泥地板	m²	15.36

【例 6-12】 图 6-10 所示为某公园内的竹制圆亭子。设计要求规定:

(1)该亭子的直径为 3m,柱子直径 10cm,共 6 根。

(2)竹子梁的直径为 10cm,长 1.8m,共 4 根

(3)竹檩条的直径为 6cm,长 1.6m,共 6 根。

(4)竹子椽条的直径为 4cm,长 1.2m,共 64 根,并在檐房下挂着斜万字纹竹吊挂楣子,高 12cm。

试根据上述要求计算工程量。

【解】 竹柱工程量＝2.12×6＝12.72(m)

竹梁工程量＝1.8×4＝7.20(m)

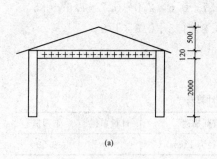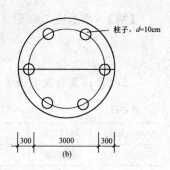

图 6-10 亭子构造示意图

(a)立面图；(b)平面图

竹檩条工程量＝1.6×6＝9.60(m)

竹椽条工程量＝1.2×64＝76.80(m)

竹吊挂楣子工程量＝亭子的周长×竹吊挂楣子的高度

＝3.14×(3+0.3×2)×0.12

＝1.36(m^2)

工程量计算结果见表 6-17。

表 6-17　　　　　　工程量计算表

项目编码	项目名称	项目特征描述	计量单位	工程量
050302004001	竹柱	柱所用竹子直径 10cm	m	12.72
050302004002	竹梁	竹梁的直径为 10cm	m	7.20
050302004003	竹檩条	竹檩条的直径为 6cm	m	9.60
050302004004	竹椽条	竹椽条的直径为 4cm	m	76.80
050302006001	竹吊挂楣子	斜万字纹竹吊挂楣子，高 12cm	m^2	1.36

第四节　亭廊屋面

一、亭廊屋面清单项目设置及工程量计算说明

1. 亭廊屋面清单项目设置

亭廊屋面工程量清单项目设置、项目特征描述的内容、计量单位、

第六章 园林景观工程工程量计算

工作内容应按《园林绿化工程工程量计算规范》(GB 50858—2013)中C.3的规定执行,内容详见表6-18。

表6-18 亭廊屋面(编码:050303)

项目编码	项目名称	项目特征	计量单位	工程量计算规则	工作内容
050303001	草屋面	1. 屋面坡度 2. 铺草种类 3. 竹材种类 4. 防护材料种类	m²	按设计图示尺寸以斜面计算	1. 整理、选料 2. 屋面铺设 3. 刷防护材料
050303002	竹屋面			按设计图示尺寸以实铺面积计算(不包括柱、梁)	
050303003	树皮屋面			按设计图示尺寸以屋面结构外围面积计算	
050303004	油毡瓦屋面	1. 冷底子油品种 2. 冷底子油涂刷遍数 3. 油毡瓦颜色规格		按设计图示尺寸以斜面计算	1. 清理基层 2. 材料裁接 3. 刷油 4. 铺设
050303005	预制混凝土穹顶	1. 穹顶弧长、直径 2. 肋截面尺寸 3. 板厚 4. 混凝土强度等级 5. 拉杆材质、规格	m³	按设计图示尺寸以体积计算。混凝土脊和穹顶的肋、基梁并入屋面体积	1. 模板制作、运输、安装、拆除、保养 2. 混凝土制作、运输、浇筑、振捣、养护 3. 构件运输、安装 4. 砂浆制作、运输 5. 接头灌缝、养护

续表

项目编码	项目名称	项目特征	计量单位	工程量计算规则	工作内容
050303006	彩色压型钢板(夹芯板)攒尖亭屋面板	1. 屋面坡度 2. 穹顶弧长、直径 3. 彩色压型钢(夹芯)板品种、规格 4. 拉杆材质、规格 5. 嵌缝材料种类 6. 防护材料种类	m²	按设计图示尺寸以实铺面积计算	1. 压型板安装 2. 护角、包角、泛水安装 3. 嵌缝 4. 刷防护材料
050303007	彩色压型钢板(夹芯板)穹顶				
050303008	玻璃屋面	1. 屋面坡度 2. 龙骨材质、规格 3. 玻璃材质、规格 4. 防护材料种类			1. 制作 2. 运输 3. 安装
050303009	木(防腐木)屋面	1. 木(防腐木)种类 2. 防护层处理			1. 制作 2. 运输 3. 安装

2. 工程量计算说明

(1)柱顶石(磉蹬石)、钢筋混凝土屋面板、钢筋混凝土亭屋面板、木柱、木屋架、钢柱、钢屋架、屋面木基层和防水层等,应按国家现行标准《房屋建筑与装饰工程工程量计算规范》(GB 50854—2013)中相关项目编码列项。

(2)膜结构的亭、廊,应按国家现行标准《仿古建筑工程工程量计算规范》(GB 50855—2013)及《房屋建筑与装饰工程工程量计算规范》(GB 50854—2013)中相关项目编码列项。

(3)竹构件连接方式包括竹钉固定、竹篾绑扎、铁丝连接。

二、亭廊屋面清单项目特征描述

1. 草屋面

草屋面是指用草铺设建筑顶层的构造层。草屋面具有防水功能而且自重荷载小,能够满足承重较差的主体结构。

2. 竹屋面

竹屋面是指建筑顶层的构造层由竹材料铺设而成。竹屋面的屋面坡度要求与草屋面基本相同。

3. 树皮屋面

树皮屋面是指建筑顶层的构造层由树皮铺设而成。树皮屋面的铺设是用桁、椽搭接于梁架上,再在上面铺树皮做脊。树皮屋面的防护应进行以下内容:

(1)喷甲基硅醇钠憎水剂。

(2)喷涂聚合物水泥砂浆三遍(颜色自定)。

(3)喷一道108胶水溶液(按108胶:水=1:4配比)。

(4)50厚钢丝网水泥保护层。

(5)刷0.8厚聚氨酯防水涂膜第二道防水层。

(6)刷0.8厚聚氨酯防水涂膜第一道防水层。

(7)基层表面满涂一层聚氨酯。

4. 油毡瓦屋面

油毡瓦是指以玻纤毡为胎基的彩色瓦块状的防水片材,又称沥青瓦。油毡瓦屋面的排水坡度不应小于20%。当屋面坡度大于100%时,应采取固定加强措施。

5. 预制混凝土穹顶

预制混凝土穹顶是指在施工现场安装之前,在预制加工厂预先加工而成的混凝土穹顶。穹顶是指屋顶形状似半球形的拱顶。亭的屋顶造型有攒尖顶、翘檐角、三角形、多角形、扇形、平顶等多种,其屋面坡度因其造型不同而有所差异,但均应达到排水要求。

6. 彩色压型钢板(夹芯板)攒尖亭屋面板

彩色压型钢板是指采用彩色涂层钢板,经辊压冷弯成各种波形的压型板。这些彩色压型钢板可以单独使用,用于不保温建筑的外墙、屋面或装饰,也可以与岩棉或玻璃棉组合成各种保温屋面及墙面。它具有质轻、高强、色泽丰富、施工方便快捷、防震防火、防雨、寿命长、免维修等特点,现已被逐渐推广应用。彩色压型钢板(夹芯板)攒尖亭屋面板是由厚度 0.8～1.6mm 的薄钢板经冲压而成的彩色瓦楞状产品加工成的攒尖亭屋面板。

(1)彩色压型钢板(夹芯板)的品种、规格。

1)镀锌压型钢板。镀锌压型钢板,其基板为热镀锌板,镀锌层重应不小于 275g/m^2(双面),产品标准应符合国标《连续热镀锌钢板及钢带》(GB/T 2518—2008)的要求。

2)涂层压型钢板。涂层压型钢板指在热镀锌基板上增加彩色涂层的薄板压形而成,其产品标准应符合《彩色涂层钢板及钢带》(GB/T 12754—2006)的要求。

3)锌铝复合涂层压型钢板。锌铝复合涂层压型钢板为新一代无紧固件扣压式压型钢板,其使用寿命更长,但要求基板为专用的、强度等级更高的冷轧薄钢板。压型钢板根据其波型截面可分为:

①高波板:波高大于 75mm,适用于做屋面板。

②中波板:波高 50～75mm,适用于做楼面板及中小跨度的屋面板。

③低波板:波高小于 50mm,适用于做墙面板。

常用压型钢板的规格选用压型金属板时,应根据荷载及使用情况选用定型产品。

(2)嵌缝材料的种类。园林建筑轻型屋面板自防水的接缝防水材料有水泥、砂子、碎石、水乳型丙烯酸密封膏、改性沥青防水嵌缝油膏、氯磺化聚乙烯密封膏、聚氯乙烯胶泥、塑料油膏、橡胶沥青油膏和底涂料等。

7. 彩色压型钢板(夹芯板)穹顶

彩色压型钢板(夹芯板)穹顶是指由厚度 0.8～1.6mm 的薄钢板经冲压而成的彩色瓦楞状产品所加工成的穹顶。

8. 玻璃屋面

玻璃屋面又称玻璃采光顶。

大面积天井上加盖各种形式和颜色的玻璃采光顶,构成一个不受气候影响的室内玻璃顶空间。按其造型形式分为单体玻璃采光顶、群体玻璃采光顶、连体玻璃采光顶;按其制作方法分为铝合金隐框玻璃采光顶、玻璃镶嵌式铝合金采光顶。不同的屋面防水材料与排水坡度的关系,如图 6-11 所示。通常将屋面坡度>10%的称为坡屋顶,坡度≤10%的称为平屋顶。

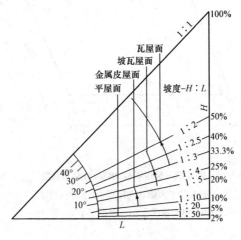

图 6-11 常用屋面坡度范围

9. 木(防腐木)屋面

木(防腐木)屋面是指用木梁或木屋架(桁架)、檩条(木檩或钢檩)、木望板及屋面防水材料等组成的屋盖。

三、工程量计算实例

【例 6-13】 某城市公园房屋建筑的屋顶的结构层由草铺设而成,

如图 6-12 所示,试根据图示尺寸计算其工程量。

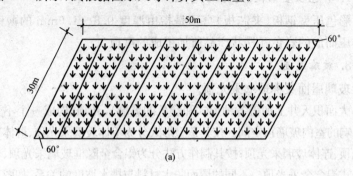

(a)

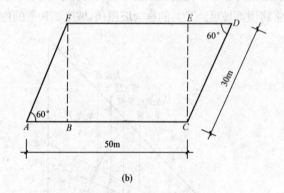

(b)

图 6-12 屋顶平面、剖面、分解示意图
(a)屋顶平面图;(b)屋顶平面分解示意图
说明:屋面坡度为 0.4,屋面长 50m,宽 30m

【解】 从图中可以看出屋面面积即为 $\square ABCD$ 的面积,即
草屋面工程量 $=50\times30\times\sin60°=1299.04(m^2)$
工程量计算结果见表 6-19。

表 6-19 工程量计算表

项目编码	项目名称	项目特征描述	计量单位	工程量
050303001001	草屋面	屋面坡度为 0.4	m^2	1299.04

【例 6-14】 某亭顶为预制混凝土半球形的凉亭,其亭顶的构造及尺寸如图 6-13 所示。试根据图示尺寸计算其工程量。

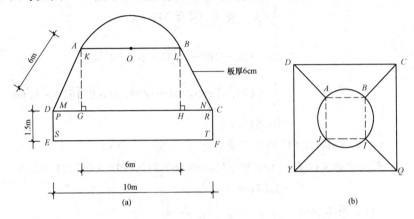

图 6-13 亭顶结构分析图、平面图
(a)亭顶结构分析图;(b)亭顶平面图

【解】 (1)亭顶的工程量。

工程量=半球体 AOB 的体积-半球体 KOL 的体积

$$= \left[\frac{4}{3} \times \pi \times 3^3 - \frac{4}{3} \times \pi \times (3-0.06)^3 \right]/2$$

$$= 3.33 (m^3)$$

(2)等腰梯形体的工程量。

由图 6-13 中可以看出

梯形的高 $= \sqrt{AD^2 - DG^2} = \sqrt{6^2 - 2^2} = 5.66 (m)$

在梯形体 ABCD 中

上表面面积 $S_1 = AB \times BI = 6 \times 6 = 36 (m^2)$

下表面面积 $S_2 = DC \times CQ = 10 \times 10 = 100 (m^2)$

在梯形体 KLMN 中

上表面面积 $S_3 = (6 - 0.06 \times 2) \times (6 - 0.06 \times 2) = 34.57 (m^2)$

下表面面积 $S_4 = (10 - 0.06 \times 2) \times (10 - 0.06 \times 2) = 97.61 (m^2)$

等腰梯形体的工程量=梯形体 ABCD 的体积-梯形体 KLMN 的体积

$$= \frac{1}{3}(S_1+S_2+\sqrt{S_1S_2})H-$$
$$\frac{1}{3}(S_3+S_4+\sqrt{S_3S_4})H$$
$$=\frac{1}{3}\times(36+100+\sqrt{36\times100})\times5.66-$$
$$\frac{1}{3}\times(34.57+97.61+\sqrt{34.57\times97.61})\times5.66$$
$$=10.81(m^3)$$

(3)长方体 DEFC 的工程量。

长方体的工程量=$[10\times10-(10-0.06\times2)\times(10-0.06\times2)]\times1.5$
$$=3.57(m^3)$$

(4)亭顶工程量。

亭顶工程量=$3.33+10.81+3.57=17.71(m^3)$

工程量计算结果见表 6-20。

表 6-20　　　　　　　工程量计算表

项目编码	项目名称	项目特征描述	计量单位	工程量
050303005001	预制混凝土穹顶	穹顶面直径 6m,檐宽 10m,亭两边各长 6m,亭面厚度 60mm	m³	17.71

第五节　花　架

一、花架清单项目设置及工程量计算说明

1. 花架清单项目设置

花架工程量清单项目设置、项目特征描述的内容、计量单位、工作内容应按《园林绿化工程工程量计算规范》(GB 50858—2013)中 C.4 的规定执行,内容详见表 6-21。

第六章 园林景观工程工程量计算

表 6-21　　　　花架(编码:050304)

项目编码	项目名称	项目特征	计量单位	工程量计算规则	工作内容
050304001	现浇混凝土花架柱、梁	1. 柱截面、高度、根数 2. 盖梁截面、高度、根数 3. 连系梁截面、高度、根数 4. 混凝土强度等级	m^3	按设计图示尺寸以体积计算	1. 模板制作、运输、安装、拆除、保养 2. 混凝土制作、运输、浇筑、振捣、养护
050304002	预制混凝土花架柱、梁	1. 柱截面、高度、根数 2. 盖梁截面、高度、根数 3. 连系梁截面、高度、根数 4. 混凝土强度等级 5. 砂浆配合比	m^3	按设计图示尺寸以体积计算	1. 模板制作、运输、安装、拆除、保养 2. 混凝土制作、运输、浇筑、振捣、养护 3. 构件运输、安装 4. 砂浆制作、运输 5. 接头灌缝、养护
050304003	金属花架柱、梁	1. 钢材品种、规格 2. 柱、梁截面 3. 油漆品种、刷漆遍数	t	按设计图示尺寸以质量计算	1. 制作、运输 2. 安装 3. 油漆
050304004	木花架柱、梁	1. 木材种类 2. 柱、梁截面 3. 连接方式 4. 防护材料种类	m^3	按设计图示截面乘以长度(包括榫长)以体积计算	1. 构件制作、运输、安装 2. 刷防护材料、油漆

续表

项目编码	项目名称	项目特征	计量单位	工程量计算规则	工作内容
050304005	竹花架柱、梁	1. 竹种类 2. 竹胸径 3. 油漆品种、刷漆遍数	1. m 2. 根	1. 以长度计量,按设计图示花架构件尺寸以延长米计算 2. 以根计量,按设计图示花架柱、梁数量计算	1. 制作 2. 运输 3. 安装 4. 油漆

2. 工程量计算说明

花架基础、玻璃天棚、表面装饰及涂料项目应按国家现行标准《房屋建筑与装饰工程工程量计算规范》(GB 50854—2013)中相关项目编码列项。

二、花架清单项目特征描述

1. 现浇混凝土花架柱、梁

现浇混凝土花架柱、梁是指直接在现场支模、绑扎钢筋、浇灌混凝土而成形的花架柱、梁。

花架按结构形式分类,主要有简支式和悬臂式两种。简支式花架也称为双柱式,其剖面是两个立柱上的架横梁,梁上承格条。悬臂式又称单支式,其剖面是在立柱上端置悬臂梁,梁上承格条。有悬臂和格条组成的花架可以是单挑式也可以是双挑式。

连系梁是指将平面排架、框架、框架与剪力墙或剪力墙与剪力墙连接起来,以形成完整的空间结构体系的梁,也可称"连梁"或"系梁"。

(1)柱截面、高度、根数。钢筋混凝土柱的截面一般为150mm×150mm 或 150mm×180mm,若采用圆形截面,其截面面积为160mm^2,现浇、预制均可。

(2)盖梁截面、高度、根数。钢筋混凝土花架的负荷一般按 $0.2\sim0.5kN/m^2$ 计,再加上自重,也不为重,所以可按建筑艺术要求先定截面,再按简支或悬臂方式来验算截面高度 h。

简支:$h \geqslant L/20$(L——简支跨径);

悬臂:$h \geqslant L/9$(L——悬臂长)。

1)花架上部小横梁(格子条)。断面尺寸常为 50mm×(120~160)mm、间距为 500mm,两端外挑 700~750mm,内跨径多为 2700mm、3000mm、3300mm。

2)花架梁。断面尺寸常选择 80mm×(160~180)mm,可分别视施工构造情况,按简支梁或连续梁设计。纵梁收头处外挑尺寸常在 750mm 左右,内跨径则在 3000mm 左右。

3)悬臂挑梁。挑梁截面尺寸形式不仅要满足上述要求,为求视觉效果,还有起拱和上翘要求。一般上翘高度为 60~150mm,视悬臂长度而定。

搁置在纵梁上的支点可采用 1~2 个。

2. 预制混凝土花架柱、梁

预制混凝土花架柱、梁是指在施工现场安装之前,按照花架柱、梁各部件的有关尺寸,进行预先下料,加工成组合部件或在预制加工厂定购各种花架柱、梁构件。这种方法的优点是可以提高机械化程度、加快施工现场安装速度、降低成本缩短工期。

3. 金属花架柱、梁

金属花架柱、梁是指由金属材料加工制作而成的花架柱、梁。

金属花架柱、梁常用的钢材主要有钢结构用钢、钢筋混凝土用钢筋和钢丝。

(1)钢结构用钢。目前,钢结构用钢主要有普通碳素结构钢、普通低合金结构钢和优质碳素结构钢三类。

(2)钢筋混凝土用钢筋。钢筋的种类比较多,按照不同的标准可分为不同的类型。

1)按化学成分可分为碳素钢钢筋和普通低合金钢钢筋两种。

①碳素钢钢筋是由碳素钢轧制而成。碳素钢钢筋按含碳量多少又分为低碳钢钢筋（$w_c<0.25\%$）、中碳钢钢筋（$w_c=0.25\%\sim0.6\%$）和高碳钢钢筋（$w_c>0.60\%$）。常用的有Q235、Q215等品种。含碳量越高，强度及硬度越高，但塑性、韧性、冷弯及焊接性等均降低。

②普通低合金钢钢筋是在低碳钢和中碳钢的成分中加入少量元素（硅、锰、钛、稀土等）制成的钢筋。普通低合金钢钢筋的主要优点是强度高、综合性能好、用钢量比碳素钢少20%左右。常用的有24MnSi、25MnSi、40MnSiV等品种。

2) 按生产工艺可分为热轧钢筋、余热处理钢筋、冷拉钢筋、冷拔钢丝、热处理钢筋、碳素钢丝、刻痕钢丝、钢绞线、冷轧带肋钢筋、冷轧扭钢筋等。

①热轧钢筋是用加热钢坯轧成的条形钢筋。由轧钢厂经过热轧成材供应，钢筋直径一般为5~50mm，分直条和盘条两种。

②余热处理钢筋又称调质钢筋，是经热轧后立即穿水，进行表面控制冷却，然后利用芯部余热自身完成回火处理所得的成品钢筋，其外形为有肋的月牙肋。

③冷加工钢筋有冷拉钢筋和冷拔低碳钢丝两种。冷拉钢筋是指将热轧钢筋在常温下进行强力拉伸使其强度提高的一种钢筋。钢丝有低碳钢丝和碳素钢丝两种。冷拔低碳钢丝由直径6~8mm的普通热轧圆盘条经多次冷拔而成，分甲、乙两个等级。

④碳素钢丝是由优质高碳钢盘条经淬火、酸洗、拔制、回火等工艺制成的。按生产工艺可分为冷拉及矫直回火两个品种。

⑤刻痕钢丝是把热轧大直径高碳钢加热，并经铅浴淬火、多次冷拔，钢丝表面再经过刻痕处理而制得的钢丝。

⑥钢绞线是指把光圆碳素钢丝在绞线机上进行捻合而成的钢绞线。

4. 木花架柱、梁

木花架柱、梁是指用木材加工制作而成的花架柱、梁。木材种类可分为针叶树材和阔叶树材两大类。杉木及各种松木、云杉和冷杉等是针叶树材；柞木、水曲柳、香樟、檫木及各种桦木、楠木和杨木等是阔叶树材。

花架柱、梁截面参考尺寸见表 6-22。

表 6-22　　　　　　　　花架柱、梁截面参考尺寸

项目＼类别	竹	木
截面估算	$d^{③}=\left(\dfrac{1}{30}\sim\dfrac{1}{35}\right)L^{①}$	$h^{②}=\left(\dfrac{1}{20}\sim\dfrac{1}{25}\right)L^{①}$
常用梁尺寸	$\phi150\sim\phi70$	$50\sim80\times150,100\times200$
横梁	$\phi100$	50×150
挂落	$\phi30,\phi60,\phi70$	$20\times30,40\times60$
细部	$\phi25,\phi30$	
立柱	$\phi100$	$140\sim150\times140\sim150$

①L 表示跨度；②h 表示高度；③d 表示直径。

5. 竹花架柱、梁

竹花架柱、梁是指用竹材加工制作而成的花架柱、梁。施工时，对于竹木花架，可在放线且夯实柱基后，直接将竹、木等正确安放在定位点上，并用水泥砂浆浇筑。水泥砂浆凝固达到强度后，进行格子条施工，修正清理后，最后进行装饰刷色。

三、工程量计算实例

【例 6-15】 某公园花架用现浇混凝土花架柱、梁搭接而成，该花架的总长度为 9.3m，宽为 2.5m。花架柱、梁具体尺寸及布置形式如图 6-14 所示。花架的基础为混凝土基础，厚 60cm，试计算其工程量。

【解】（1）花架柱工程量。

$$\begin{aligned}混凝土花架柱工程量&=柱底面积\times高\times根数\\&=0.15\times0.15\times2.5\times12\\&=0.68(\mathrm{m}^3)\end{aligned}$$

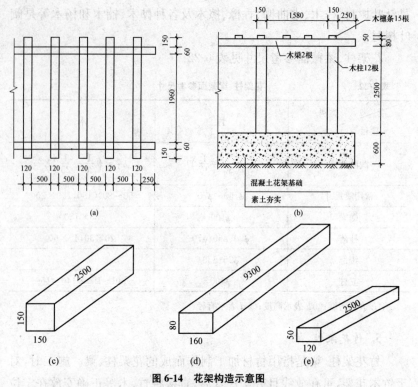

图 6-14 花架构造示意图
(a)平面图;(b)剖面图;(c)柱尺寸示意图
(d)纵梁尺寸示意图;(e)小檩条尺寸示意图

(2)花架梁工程量。

混凝土花架梁工程量=梁底面积×长度×根数
$$=0.16\times0.08\times9.3\times2$$
$$=0.24(m^3)$$

(3)花架檩条工程量。

混凝土花架檩条=檩条底面积×檩条长度×檩条根数
$$=0.12\times0.05\times2.5\times15$$
$$=0.23(m^3)$$

工程量计算结果见表 6-23。

第六章 园林景观工程工程量计算

表 6-23　　　　　　　　　　　工程量计算表

项目编码	项目名称	项目特征描述	计量单位	工程量
050304001001	混凝土花架柱	花架柱的截面面积为 150mm×150mm,柱高 2.5m,共 12 根	m³	0.68
050304001002	混凝土花架梁	花架纵梁的截面面积为 160mm×80mm,梁长 9.3m,共 2 根	m³	0.24
050304001003	混凝土花架檩条	花架檩条截面面积为 120mm×50mm,檩条长 2.5m,共 15 根	m³	0.23

【例 6-16】 图 6-15 所示为某公园内方形空心钢所建的拱形花架,其长度为 6.3m,方形空心钢的规格为 120mm×8mm,该方形空心钢的质量为 26.84kg/m,花架采用 50cm 厚的混凝土做基础,试计算其工程量。

【解】 (1)柱子根数 $n=6.3\div1.56+1=5$ 根

花架金属柱工程量 = 柱长度×单位长度质量
$$=(1.5\times2+\pi\times2\div2)\times5\times26.84$$
$$=824\text{kg}=0.824(\text{t})$$

(2)金属花架梁工程量。

金属花架梁工程量 = 钢梁长度×单位长度质量
$$=6.3\times7\times26.84$$
$$=1184\text{kg}=1.184(\text{t})$$

工程量计算结果见表 6-24。

表 6-24　　　　　　　　　　　工程量计算表

项目编码	项目名称	项目特征描述	计量单位	工程量
050304003001	金属花架柱	碳素结构方形空心钢, 截面尺寸为 120mm×8mm,5 根	t	0.824
050304003002	金属花架梁	碳素结构方形空心钢, 截面尺寸为 120mm×8mm,7 根	t	1.184

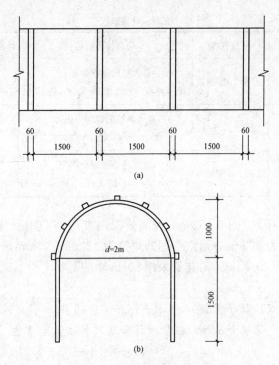

图 6-15 拱形花架构造示意图
(a)平面图;(b)立面图

【例 6-17】 某景区要搭建一座木花架,如图 6-16 所示。该花架的长度为 6.6m,宽 2m,所有的木制构件截面均为正方形,檩条长为 2.2m,木柱的高度为 2m,试计算其工程量。

【解】 (1)木梁工程量。

$$木梁所用木材体积=木梁底面积\times 长度\times 根数$$
$$=0.1\times 0.1\times 6.6\times 2$$
$$=0.13m^3$$

(2)柱子工程量。设每一侧柱子的数量为 x 根,则有以下关系式:
$$1.8(x-1)+0.2(x+2)=6.6$$
$$x=4$$

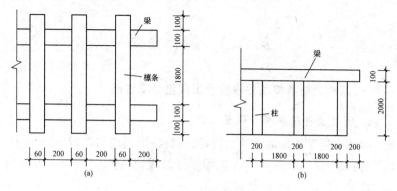

图 6-16 木花架构造示意图

(a)平面图;(b)剖面图

因此,整个花架共有 8 根木柱。

$$\begin{aligned}木柱所用木材工程量&=木柱底面积×高×根数\\&=0.2×0.2×2×8\\&=0.64(m^3)\end{aligned}$$

(3)木檩条工程量。设檩条的数量为 y 根,根据题意得以下的关系式:

$$0.06y+0.2(y+2)=6.6$$
$$y=24$$

因此,檩条的数量为 24 根。

$$\begin{aligned}檩条所用木材的工程量&=檩条底面积×檩条长度×檩条根数\\&=0.06×0.06×2.2×24\\&=0.19(m^3)\end{aligned}$$

工程量计算结果见表 6-25。

表 6-25　　　　　　　　　　　**工程量计算表**

项目编码	项目名称	项目特征描述	计量单位	工程量
050304004001	木花架梁	原木木梁截面面积为 100mm×100mm	m³	0.13
050304004002	木花架柱	原木木柱截面面积为 200mm×200mm	m³	0.64
050304004003	木花架檩条	原木木檩截面面积为 60mm×60mm	m³	0.19

第六节 园林桌椅

一、园林桌椅清单项目设置及工程量计算说明

1. 园林桌椅清单项目设置

园林桌椅工程量清单项目设置、项目特征描述的内容、计量单位、工作内容应按《园林绿化工程工程量计算规范》(GB 50858—2013)中C.5的规定执行,内容详见表6-26。

表6-26 园林桌椅(编码:050305)

项目编码	项目名称	项目特征	计量单位	工程量计算规则	工作内容
050305001	预制钢筋混凝土飞来椅	1. 座凳面厚度、宽度 2. 靠背扶手截面 3. 靠背截面 4. 座凳楣子形状、尺寸 5. 混凝土强度等级 6. 砂浆配合比	m	按设计图示尺寸以座凳面中心线长度计算	1. 模板制作、运输、安装、拆除、保养 2. 混凝土制作、运输、浇筑、振捣、养护 3. 构件运输、安装 4. 砂浆制作、运输、抹面、养护 5. 接头灌缝、养护
050305002	水磨石飞来椅	1. 座凳面厚度、宽度 2. 靠背扶手截面 3. 靠背截面 4. 座凳楣子形状、尺寸 5. 砂浆配合比			1. 砂浆制作、运输 2. 制作 3. 运输 4. 安装

第六章 园林景观工程工程量计算

续一

项目编码	项目名称	项目特征	计量单位	工程量计算规则	工作内容
050305003	竹制飞来椅	1. 竹材种类 2. 座凳面厚度、宽度 3. 靠背扶手截面 4. 靠背截面 5. 座凳楣子形状 6. 铁件尺寸、厚度 7. 防护材料种类	m	按设计图示尺寸以座凳面中心线长度计算	1. 座凳面、靠背扶手、靠背、楣子制作、安装 2. 铁件安装 3. 刷防护材料
050305004	现浇混凝土桌凳	1. 桌凳形状 2. 基础尺寸、埋设深度 3. 桌面尺寸、支墩高度 4. 凳面尺寸、支墩高度 5. 混凝土强度等级、砂浆配合比	个	按设计图示数量计算	1. 模板制作、运输、安装、拆除、保养 2. 混凝土制作、运输、浇筑、振捣、养护 3. 砂浆制作、运输
050305005	预制混凝土桌凳	1. 桌凳形状 2. 基础形状、尺寸、埋设深度 3. 桌面形状、尺寸、支墩高度 4. 凳面尺寸、支墩高度 5. 混凝土强度等级			1. 模板制作、运输、安装、拆除、保养 2. 混凝土制作、运输、浇筑、振捣、养护 3. 构件运输、安装 4. 砂浆制作、运输 5. 接头灌缝、养护 6. 砂浆配合比

续二

项目编码	项目名称	项目特征	计量单位	工程量计算规则	工作内容
050305006	石桌石凳	1. 石材种类 2. 基础形状、尺寸、埋设深度 3. 桌面形状、尺寸、支墩高度 4. 凳面尺寸、支墩高度 5. 混凝土强度等级 6. 砂浆配合比	个	按设计图示数量计算	1. 土方挖运 2. 桌凳制作 3. 桌凳运输 4. 桌凳安装 5. 砂浆制作、运输
050305007	水磨石桌凳	1. 基础形状、尺寸、埋设深度 2. 桌面形状、尺寸、支墩高度 3. 凳面尺寸、支墩高度 4. 混凝土强度等级 5. 砂浆配合比			1. 桌凳制作 2. 桌凳运输 3. 桌凳安装 4. 砂浆制作、运输
050305008	塑树根桌凳	1. 桌凳直径 2. 桌凳高度 3. 砖石种类 4. 砂浆强度等级、配合比 5. 颜料品种、颜色	个	按设计图示数量计算	1. 砂浆制作、运输 2. 砖石砌筑 3. 塑树皮 4. 绘制木纹
050305009	塑树节椅				
050305010	塑料、铁艺、金属椅	1. 木座板面截面 2. 座椅规格、颜色 3. 混凝土强度等级 4. 防护材料种类			1. 制作 2. 安装 3. 刷防护材料

2. 工程量计算说明

木制飞来椅按国家现行标准《仿古建筑工程工程量计算规范》(GB 50855—2013)相关项目编码列项。

二、园林桌椅清单项目特征描述

1. 预制钢筋混凝土飞来椅

预制钢筋混凝土飞来椅是以钢筋为增强材料制成的座椅。混凝土抗压强度高，抗拉强度低，为满足工程结构的要求，在混凝土中合理地配置抗拉性能优良的钢筋，可避免拉应力破坏，大大提高混凝土整体的抗拉、抗弯强度。

预制钢筋混凝土飞来椅的坐凳面宽度通常为 310mm，厚度通常为 90mm。预制钢筋混凝土飞来椅的靠背可采用 25mm 厚混凝土，中距 120mm，配筋 $\varphi14$，用白水磨石做面层，其截面厚度做成 60mm。

2. 水磨石飞来椅

水磨石飞来椅是以水磨石为材料制成的座椅。现浇水磨石具有色彩丰富、图案组合多种多样的饰面效果，并具有面层平整平滑、坚固耐磨、整体性好、防水、耐腐蚀、易清洁的特点。

3. 竹制飞来椅

竹制飞来椅是由竹材加工制作而成的座椅，设在园路旁，具有使用和装饰双重功能。通常的设计要求为：凳、椅坐面高 40～55cm；一个人的座位宽 60～75cm；椅的靠背高 35～65cm，并宜做 3°～15°的后倾。

竹制飞来椅的防护材料：

(1) 在竹材表面涂刷生漆、铝质厚漆等可防水。

(2) 用 30 号石油沥青或煤焦油，加热涂刷竹材表面，可起防虫蛀的功效。

(3) 配制氟硅酸钠、氨水和水的混合剂，每隔 1 小时涂刷竹材一次，共涂刷 3 次，或将竹材浸渍于此混合剂中，可起防腐之效。

4. 现浇混凝土桌凳

现浇混凝土桌凳是指在施工现场直接按桌凳各部件相关尺寸进行支模、绑扎钢筋、浇灌混凝土等工序制作的桌凳。在园林中，园桌和园凳是园林中必备的供游人休息、赏景之用的设施，一般把它布置在有景可赏、可安静休息的地方，或游人需要停留休息的地方。园桌与园凳属于休息性的小品设施。在园林中，设置形式优美的坐凳具有舒适宜人的效果，丛林中巧置一组树桩凳或一景石凳可以使人顿觉林间生机盎然，同时园桌和园凳的艺术造型也能装点园林。在园林中，大树浓荫下，置石凳三两个，长短随意，往往能变无组织的自然空间为有意境的庭园景色。

园椅、园凳常见的形式有直线型、曲线型、组合型和仿生模拟型。直线型的园椅、园凳适合在园林环境中的园路旁、水岸边、规整的草坪和几何形状的休息、集散广场边缘等大多数环境之中；曲线型的园椅、园凳适合在环境自由，如园路的弯曲处、水湾旁、环形或圆形广场等地段；组合型和仿生模拟型的园椅、园凳适合在活动内容集中、游人多和儿童游戏场等环境的空间之中，以满足游人休息、观赏、儿童游戏等功能的要求。

5. 预制混凝土桌凳

预制混凝土桌凳指的是在施工现场安装之前，按照桌凳各部件相关尺寸，进行预先下料、加工和部件组合或在预制加工厂定购的各种桌凳构件。桌凳可设计成方形、圆形、长方形等形状。

(1)基础形状、尺寸、埋设深度：基础形状以支墩形状为准，基础的四周应比支墩放宽100mm，基础埋设深度为180mm。

(2)桌面形状、尺寸、支墩高度：方形桌面的边长设计成800mm，厚80mm，支墩高度为740mm，其中包括埋设深度120mm。凳面尺寸、支墩高度：方形凳面边长为370mm，厚120mm，支墩高度为400mm，其中包括埋设深度120mm。

6. 石桌石凳

石桌石凳与其他材料相比，石材质地硬，触感冰凉，且夏热、冬凉，不易加工。但耐久性非常好,可美化景观。

(1)石材种类:石桌石凳的材料主要以大理石、汉白玉材料为主。

(2)基础尺寸、埋设深度:石桌石凳的基础用3∶7灰土材料制成。其四周比支墩放宽100mm,基础厚150mm,埋设深度为450mm。

(3)桌面形状、尺寸、支墩高度:桌面的形状可以设计成方形、圆形或自然形状。桌面1m² 左右。支墩埋设深度为300mm。

(4)凳面形状、尺寸、支墩高度:凳面形状可设计成方形、圆形或自然形状。凳面0.18m² 左右。支墩埋设深度为120mm。

7. 水磨石桌凳

水磨石桌凳的主要材料是水磨石。水磨石的优点是不易开裂,不收缩变形,不易起尘,耐磨损,易清洁,色泽艳丽,整体美观性好。

8. 塑树根桌凳

塑树根桌凳是指在桌凳的主体构筑物外围,用钢筋、钢丝网做成树根的骨架,再仿照树根粉以水泥砂浆或麻刀灰的桌凳。堆塑是指用带色水泥砂浆和金属铁杆等,依照树木花草的外形,制做出树皮、树根、树干、壁画、竹子等装饰品。

(1)桌凳直径:塑树根桌凳的桌直径为350～400mm,凳直径为150～200mm。

(2)颜料的品种、颜色:建筑彩画所用的颜料分为有机(植物)颜料和无机(矿物质)颜料两大类。

1)有机颜料:多用于绘画山水人物花卉等(即白活)部分,常用的有藤黄(是海藤树内流出的胶质黄液,有剧毒)、胭脂、洋红、曙红、桃红珠、柠檬黄、紫罗兰、玫瑰、花青等,它们的特点是着色力和透明性都很强,但耐光性、耐久性均非常差,也不太稳定。

2)无机颜料:常用的矿物质颜料有洋绿、石绿、沙绿、佛青、银朱、石黄、铬黄、雄黄、铅粉、立德粉、钛白粉、广红、赭石、朱砂、石青、普鲁士蓝、黑烟子和金属颜料等。

9. 塑树节椅

塑树节椅是指园林中的座椅用水泥砂浆粉饰出树节外形,以配合园林景点砖石的节椅。

10. 塑料、铁艺、金属椅

(1)塑料。塑料为合成的高分子化合物,可以自由改变形体样式,是利用单体原料以合成或缩合反应聚合而成的材料,由合成树脂及填料、增塑剂、稳定剂、润滑剂、色料等添加剂组成。

塑料的分类有以下几种:

1)按使用特性分类。根据各种塑料不同的使用特性,通常将塑料分为通用塑料、工程塑料和特种塑料三种类型。

2)按理化特性分类。根据各种塑料不同的理化特性,可以把塑料分为热固性塑料和热塑性塑料两种类型。

3)按加工方法分类。根据各种塑料不同的成型方法,可以把塑料分为膜压、层压、注射、挤出、吹塑、浇铸塑料和反应注射塑料等多种类型。

(2)铁艺。目前,园林栏杆的材料使用较多的是用生铁浇铸的围栏,由于其造型美观、可塑性大,尺寸可根据需要而定,因而具有"铁艺"之称,但其缺点是造价相对较高,因而推广受到制约。传统的铁艺主要运用于建筑、家居、园林的装饰,从园林到庭院,从室内楼梯到室外护栏,形态各异。

(3)金属椅。金属材料的热传导性强,易受四季气温变化影响。近年来,开始使用以散热快、质感好的抗击打金属、铁丝网等材料加工制作的座椅。在意大利首都罗马大街上,这种座椅随处可见。

三、工程量计算实例

【**例 6-18**】 某小区的花园里设有预制钢筋混凝土飞来椅,飞来椅围绕一大树布置成圆形,共 6 个,其造型相同,座面板的长度为 1.2m,宽 0.4m,厚 0.05m,试计算其工程量。

【**解**】 预制钢筋混凝土飞来椅工程量 $=1.2\times 6=7.2(m)$

工程量计算结果见表 6-27。

第六章 园林景观工程工程量计算

表 6-27　　　　　　　　　　工程量计算表

项目编码	项目名称	项目特征描述	计量单位	工程量
050305001001	预制钢筋混凝土飞来椅	每个座面板宽 0.4m，厚 0.05m	m	7.2

【例 6-19】 某园林景区设有竹制的飞来椅。该竹制飞来椅为双人坐凳，长 120cm，宽 40cm，距地面的高度为 40cm，为了防止竹材的腐烂，根据设计要求需要在座椅表面涂抹油漆，为了方便人们休息的需要，该座椅座面有 6°的水平倾角，试计算其工程量。

【解】 竹制飞来椅工程量 = 1.2(m)

工程量计算结果见表 6-28。

表 6-28　　　　　　　　　　工程量计算表

项目编码	项目名称	项目特征描述	计量单位	工程量
050305003001	竹制飞来椅	宽 40cm，座椅表面涂有油漆，座面有 6°的水平倾角	m	1.2

【例 6-20】 图 6-17 所示为某公园内供游人休息的棋盘桌，根据设计要求，桌子的面层材料为 25mm 厚白色水磨石面层，桌面形状均为正方形，桌基础为 80mm 厚三合土材料，基础四周比支墩加宽 100mm，试计算其工程量。

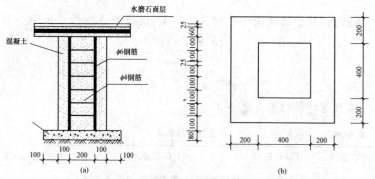

图 6-17　某公园现浇混凝土桌凳构造示意图
(a)剖面图；(b)平面图

【解】 水磨石棋盘桌工程量＝1个

工程量计算结果见表6-29。

表 6-29　　　　　　　　　　工程量计算表

项目编码	项目名称	项目特征描述	计量单位	工程量
050305007001	水磨石桌凳	水磨石棋盘桌，桌子面层为25mm白色水磨石，基础为80mm厚三合土材料	个	1

【例 6-21】 某圆形广场布置的椅子如图 6-18 所示，每 45°角布置一个。椅子的座面及靠背材料为塑料，扶手及蹬腿为生铁浇筑而成，铁构件表面刷防护漆两遍，试计算其工程量。

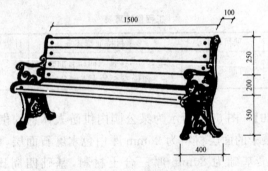

图 6-18　某广场座椅构造示意图

【解】 椅子围绕圆形广场进行布置，设椅子的数量为 n，则

$$45°\times n=360°$$
$$n=8$$

故　　　　　　椅子工程量＝8个

工程量计算结果见表6-30。

表 6-30　　　　　　　　　　工程量计算表

项目编码	项目名称	项目特征描述	计量单位	工程量
050305010001	塑料、铁艺、金属椅	座面及靠背材料为塑料，扶手及凳腿为生铁浇铸；铁构件表面刷防锈漆两道	个	8

第七节 喷泉安装

一、喷泉安装清单项目设置及工程量计算说明

1. 喷泉安装清单项目设置

喷泉安装工程量清单项目设置、项目特征描述的内容、计量单位、工作内容应按《园林绿化工程工程量计算规范》(GB 50858—2013)中 C.6 的规定执行，内容详见表 6-31。

表 6-31　　　　　　喷泉安装（编码：050306）

项目编码	项目名称	项目特征	计量单位	工程量计算规则	工作内容
050306001	喷泉管道	1. 管材、管件、阀门喷头品种 2. 管道固定方式 3. 防护材料种类	m	按设计图示管道中心线长度以延长米计算，不扣除检查（阀门）井、阀门、管件及附件所占的长度	1. 土（石）方挖运 2. 管材、管件、阀门、喷头安装 3. 刷防护材料 4. 回填
050306002	喷泉电缆	1. 保护管品种、规格 2. 电缆品种、规格		按设计图示单根电缆长度以延长米计算	1. 土（石）方挖运 2. 电缆保护管安装 3. 电缆敷设 4. 回填

续表

项目编码	项目名称	项目特征	计量单位	工程量计算规则	工作内容
050306003	水下艺术装饰灯具	1. 灯具品种、规格 2. 灯光颜色	套	按设计图示数量计算	1. 灯具安装 2. 支架制作、运输、安装
050306004	电气控制柜	1. 规格、型号 2. 安装方式	台		1. 电气控制柜（箱）安装 2. 系统调试
050306005	喷泉设备	1. 设备品种 2. 设备规格、型号 3. 防护网品种、规格			1. 设备安装 2. 系统调试 3. 防护网安装

2. 工程量计算说明

（1）喷泉水池应按现行国家标准《房屋建筑与装饰工程工程量计算规范》(GB 50854—2013)中相关项目编码列项。

（2）管架项目应按现行国家标准《房屋建筑与装饰工程工程量计算规范》(GB 50854—2013)中钢支架项目单独编码列项。

二、喷泉安装清单项目特征描述

1. 喷泉管道

喷泉原是一种自然景观，是承压水的地面露头。园林中的喷泉，一般是为了造景的需要，人工建造的具有装饰性的喷水装置。

（1）管材品种。喷泉工程中常用的管材有镀锌管材、不镀锌管材、铸铁管及硬聚氯乙烯塑料等几种。

（2）喷头品种。喷头是喷泉的一个主要组成部分，其作用是把具有一定压力的水，经过喷嘴的造型，形成各种预想的、绚丽的水花，喷射在水池的上空。因此,喷头的形式、结构、制造的质量和外观等,都对整个喷泉的艺术效果产生重要的影响。常用喷头的形式如图 6-19 所示。

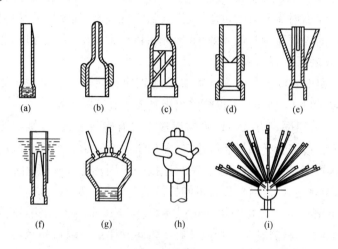

图 6-19 常用喷头的形式

(a)直流式喷头;(b)可转动喷头;(c)设转式喷头(水雾式喷头);(d)环隙式喷头;
(e)散射式喷头;(f)吸气(水)式喷头;(g)多股喷头;(h)回转喷头;(i)多层多股球形喷头

1)直流式喷头。直流式喷头使水流沿圆筒形或渐缩形喷嘴直接喷出,形成较长的水柱,是形成喷泉射流的喷头之一。这种喷头内腔类似于消防水枪形式,构造简单,造价低廉,应用广泛。如果制成球铰接合,还可调节喷射角度,称为"可转动喷头"。

2)旋流式喷头。旋流式喷头由于离心作用使喷出的水流散射成蘑菇圆头形或喇叭花形。这种喷头有时用于工业冷却水池中。旋流式喷头也称"水雾喷头",其构造复杂,加工较为困难,有时可采用消防使用的水雾喷头代替。

3)环隙式喷头。环隙式喷头的喷水口是环形缝隙,是形成水膜的一种喷头,可使水流喷成空心圆柱,使用较小水量获得较大的观赏效果。

4)散射式喷头。散射式喷头使水流在喷嘴外经散射形成水膜,根据喷头散射形状的不同可喷成各种形状的水膜,如牵牛花形、马蹄莲形、灯笼形、伞形等。

5)吸气(水)式喷头。吸气(水)式喷头是可喷成冰塔形态的喷头,它利用喷嘴射流形成的负压,吸入大量空气或水,使喷出的水中掺气,增大水的表观流量和反光效果,形成白色粗大水柱,形似冰塔,非常壮观,景观效果很好。

6)组合式喷头。组合式喷头是用几种不同形式的喷头或同一形式的多个喷头组成的,可以喷射出极其美妙壮观的图案。

(3)管道固定方式。钢管的连接方式有螺纹连接、焊接和法兰连接三种。镀锌管必须用螺纹连接,多用于明装管道。焊接一般用于非镀锌钢管,多用于暗装管道。法兰连接一般用在连接阀门、止回阀、水泵、水表等处,以及需要经常拆卸检修的管段上。就管径而言,公称直径<100mm时管道用螺纹连接;公称直径>100mm时用法兰连接。

(4)防护材料种类。管道及设备防腐常用的材料有防锈漆、面漆、沥青。常用的稀释剂有汽油、煤油、醇酸稀料、松香水、香蕉水、酒精等。其他材料有高岭土、七级石棉、石灰石粉、滑石粉、玻璃丝布、矿棉纸、牛皮纸、塑料布、油毡等。喷泉管道常用的防护材料有沥青和红丹漆。

2. 喷泉电缆

喷泉电缆是指在喷泉正常使用时,用来传导电流、提供电能的设备。

(1)保护管品种及规格。钢管电缆管的内径应不小于电缆外径的1.5倍,其他材料的保护管内径应不小于电缆外径的1.5倍再加100mm。保护钢管的管口应无毛刺和尖锐棱角,管口宜做成喇叭形;外表涂防腐漆或沥青,镀锌钢管锌层剥落处也应涂防腐漆。

(2)电缆品种。电力系统中电缆的种类很多,常用的有电力电缆和控制电缆两大类。

1)电力电缆。电力电缆是用来输送和分配大功率电能的,按其所采用的绝缘材料可分为纸绝缘、橡皮绝缘、聚氯乙烯绝缘、聚乙烯绝缘和联聚乙烯绝缘电力电缆。

2)控制电缆。控制电缆是在配电装置中传输控制电流,用来连接电气仪表、继电保护和自控控制等回路,它属于低压电缆。

3. 水下艺术装饰灯具

水下艺术装饰灯具是指设在水池、喷泉、溪、湖等水面以下,对水景起照明及艺术装饰作用的灯具。

(1)灯具品种。从水景灯具外观和构造来分类,可以分为简易型灯具和密闭型灯具两类。

1)简易型灯具。其特点是小型灯具,容易安装。灯的颈部电线进口部分有防水结构,使用的灯泡限定为反射型灯泡,设置地点也只限于人们不能进入的场所。

2)密闭型灯具。有多种光源的类型,而且每种灯具限定了所使用的灯。如有防护式柱形灯、反射型灯、汞灯、金属卤化物灯等光源的照明灯具。

(2)灯光颜色。室内照明光源的颜色性质由它的色表和显色型所表现。光源的显色性取决于受它影响的物体的色表能力,同样色表的光源可能由完全不同的光谱组成,因此在颜色显现方面可能呈现出极大的差异。

4. 电气控制柜

配电箱有照明用配电箱和动力配电箱之分。进户线进入室内后先经总闸刀开关,然后再分支分路负荷。总刀开关、分支刀开关和熔断器等组装在一起就称为配电箱。

三、工程量计算实例

【例 6-22】 图 6-20 所示为某广场圆形喷水池平面图,根据设计要求:

(1)池底装有照明灯,喷水池的高度为 1.6m,埋于地下 0.6m,露出地面的高度为 1.0m。

(2)喷水池半径为 5m,为砖砌池壁,池壁的宽度为 0.3m,水泥砂浆找平。

(3) 池底为现场搅拌混凝土池底,池底厚30cm。

试计算水下艺术装饰灯具工程量。

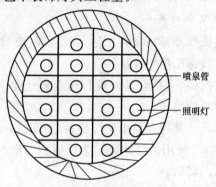

图 6-20 某广场圆形喷水池平面图

【解】 水下照明灯工程量＝20 个

工程量计算结果见表 6-32。

表 6-32　　　　　　　　　工程量计算表

项目编码	项目名称	项目特征描述	计量单位	工程量
050306003001	水下艺术装饰灯具	水下照明灯	个	20

【例 6-23】 某公园内设置一喷泉,根据设计要求:

(1) 所有供水管道均为螺纹镀锌钢管。

(2) 主供水管 $DN50$ 长度为 16.80m,泄水管 $DN60$ 长度为 9.80m,溢水管 $DN40$ 长度为 10.00m,分支供水管 $DN30$ 长度为 41.80m,供电电缆外径为 0.4cm。

(3) 外用 UPVC 管做保护管,管厚为 2mm,长度为 36.80m。

试计算喷泉管道及电缆工程量。

【解】 (1) $DN50$ 主供水管工程量＝16.80(m)

(2) $DN60$ 泄水管工程量＝9.80(m)

(3)DN40 溢水管工程量=10.00(m)

(4)DN30 分支供水管工程量=41.80(m)

(5)从题意中可以知道电缆的外径为 0.4cm,外用 UPVC 管做保护管,通常规定钢管电缆保护管的内径应不小于电缆外径的 1.5 倍,其他材料的保护管内径不小于电缆外径的 1.5 倍再加 100mm,这样可以得出 UPVC 电缆管的内径为:

$4 \times 1.5 + 100 = 106 (mm)$

电缆长度等于 UPVC 保护管的长度,为 36.80(m)。

工程量计算结果见表 6-33。

表 6-33　　　　　　　　工程量计算结果

项目编码	项目名称	项目特征描述	计量单位	工程量
050306001001	喷泉管道	螺纹镀锌钢管,DN50	m	16.80
050306001002	喷泉管道	螺纹镀锌钢管,DN60	m	9.80
050306001003	喷泉管道	螺纹镀锌钢管,DN40	m	10.00
050306001004	喷泉管道	螺纹镀锌钢管,DN30	m	41.80
050306002001	喷泉电缆	电缆外径 0.4cm,管厚 2mm,外用 UPVC 管做保护管	m	36.80

第八节　杂　项

一、杂项清单项目设置及工程量计算说明

1. 杂项清单项目设置

杂项工程量清单项目设置、项目特征描述的内容、计量单位、工作内容应按《园林绿化工程工程量计算规范》(GB 50858—2013)中 C.7 的规定执行,内容详见表 6-34。

表 6-34　　　　　　　　杂项(编码:050307)

项目编码	项目名称	项目特征	计量单位	工程量计算规则	工作内容
050307001	石灯	1. 石料种类 2. 石灯最大截面 3. 石灯高度 4. 砂浆配合比	个	按设计图示数量计算	1. 制作 2. 安装
050307002	石球	1. 石料种类 2. 球体直径 3. 砂浆配合比			
050307003	塑仿石音箱	1. 音箱石内空尺寸 2. 铁丝型号 3. 砂浆配合比 4. 水泥漆颜色			1. 胎模制作、安装 2. 铁丝网制作、安装 3. 砂浆制作、运输 4. 喷水泥漆 5. 埋置仿石音箱
050307004	塑树皮梁、柱	1. 塑树种类 2. 塑竹种类 3. 砂浆配合比 4. 喷字规格、颜色 5. 油漆品种、颜色	1. m^2 2. m	1. 以平方米计量,按设计图示尺寸以梁柱外表面积计算 2. 以米计量,按设计图示尺寸以构件长度计算	1. 灰塑 2. 刷涂颜料
050307005	塑竹梁、柱				

第六章 园林景观工程工程量计算

续一

项目编码	项目名称	项目特征	计量单位	工程量计算规则	工作内容
050307006	铁艺栏杆	1. 铁艺栏杆高度 2. 铁艺栏杆单位长度重量 3. 防护材料种类	m	按设计图示尺寸以长度计算	1. 铁艺栏杆安装 2. 刷防护材料
050307007	塑料栏杆	1. 栏杆高度 2. 塑料种类			1. 下料 2. 安装 3. 校正
050307008	钢筋混凝土艺术围栏	1. 围栏高度 2. 混凝土强度等级 3. 表面涂敷材料种类	1. m² 2. m	1. 以平方米计量,按设计图示尺寸以面积计算 2. 以米计量,按设计图示尺寸以延长米计算	1. 制作 2. 运输 3. 安装 4. 砂浆制作、运输 5. 接头灌缝、养护
050307009	标志牌	1. 材料种类、规格 2. 镌字规格、种类 3. 喷字规格、颜色 4. 油漆品种、颜色	个	按设计图示数量计算	1. 选料 2. 标志牌制作 3. 雕凿 4. 镌字、喷字 5. 运输、安装 6. 刷油漆

续二

项目编码	项目名称	项目特征	计量单位	工程量计算规则	工作内容
050307010	景墙	1. 土质类别 2. 垫层材料种类 3. 基础材料种类、规格 4. 墙体材料种类、规格 5. 墙体厚度 6. 混凝土、砂浆强度等级、配合比 7. 饰面材料种类	1. m^3 2. 段	1. 以立方米计量,按设计图示尺寸以体积计算 2. 以段计量,按设计图示尺寸以数量计算	1. 土(石)方挖运 2. 垫层、基础铺设 3. 墙体砌筑 4. 面层铺贴
050307011	景窗	1. 景窗材料品种、规格 2. 混凝土强度等级 3. 砂浆强度等级、配合比 4. 涂刷材料品种	m^2	按设计图示尺寸以面积计算	1. 制作 2. 运输 3. 砌筑安放 4. 勾缝 5. 表面涂刷
050307012	花饰	1. 花饰材料品种、规格 2. 砂浆配合比 3. 涂刷材料品种			
050307013	博古架	1. 博古架材料品种、规格 2. 混凝土强度等级 3. 砂浆配合比 4. 涂刷材料品种	1. m^2 2. m 3. 个	1. 以平方米计量,按设计图示尺寸以面积计算 2. 以米计量,按设计图示尺寸以延长米计算 3. 以个计量,按设计图示数量计算	1. 制作 2. 运输 3. 砌筑安放 4. 勾缝 5. 表面涂刷

第六章 园林景观工程工程量计算

续三

项目编码	项目名称	项目特征	计量单位	工程量计算规则	工作内容
050307014	花盆(坛、箱)	1. 花盆(坛)的材质及类型 2. 规格尺寸 3. 混凝土强度等级 4. 砂浆配合比	个	按设计图示尺寸以数量计算	1. 制作 2. 运输 3. 安放
050307015	摆花	1. 花盆(钵)的材质及类型 2. 花卉品种与规格	1. m² 2. 个	1. 以平方米计量,按设计图示尺寸以水平投影面积计算 2. 以个计量,按设计图示数量计算	1. 搬运 2. 安放 3. 养护 4. 撤收
050307016	花池	1. 土质类别 2. 池壁材料种类、规格 3. 混凝土、砂浆强度等级配合比 4. 饰面材料种类	1. m³ 2. m 3. 个	1. 以立方米计量,按设计图示尺寸以体积计算 2. 以米计量,按设计图示尺寸以池壁中心线处延长米计算 3. 以个计量,按设计图示数量计算	1. 垫层铺设 2. 基础砌(浇)筑 3. 墙体砌(浇)筑 4. 面层铺贴

续四

项目编码	项目名称	项目特征	计量单位	工程量计算规则	工作内容
050307017	垃圾箱	1. 垃圾箱材质 2. 规格尺寸 3. 混凝土强度等级 4. 砂浆配合比	个	按设计图示尺寸以数量计算	1. 制作 2. 运输 3. 安放
050307018	砖石砌小摆设	1. 砖种类、规格 2. 石种类、规格 3. 砂浆强度等级、配合比 4. 石表面加工要求 5. 勾缝要求	1. m^3 2. 个	1. 以立方米计量,按设计图示尺寸以体积计算 2. 以个计量,按设计图示尺寸以数量计算	1. 砂浆制作、运输 2. 砌砖、石 3. 抹面、养护 4. 勾缝 5. 石表面加工
050307019	其他景观小摆设	1. 名称及材质 2. 规格尺寸	个	按设计图示尺寸以数量计算	1. 制作 2. 运输 3. 安装
050307020	柔性水池	1. 水池深度 2. 防水(漏)材料品种	m^2	按设计图示尺寸以水平投影面积计算	1. 清理基层 2. 材料裁接 3. 铺设

2. 工程量计算说明

砌筑果皮箱,放置盆景的须弥座等,应按砖石砌小摆设项目编码列项。

二、杂项清单项目特征描述

1. 石灯

石灯不仅作为园林中的照明工具,而且还是极富情趣的园林艺术小品。石灯形式丰富多样,常见的有路灯、草坪灯、地灯、庭院灯、广场灯以及其他园灯,同一园林空间中各种灯的格调应大致协调。

2. 塑仿石音箱

塑仿石音箱是指用带色水泥砂浆和金属铁件等,仿照石料外形制做出的音箱,既具有使用功能,又具有装饰作用。

3. 塑树皮梁、柱

塑树皮梁、柱是指梁、柱用水泥砂浆粉饰出树皮外形,以配合园林景点的装饰工艺。在园林中,用于一般围墙、拦墙、隔断等墙面以及梁、柱的塑树种类通常是松树类和杉树类。

4. 塑竹梁、柱

塑竹是围墙、竹篱上常用的装饰物,用角铁做芯,水泥砂浆塑面,做出竹节,然后与主体构筑物固定。塑竹梁、柱即为梁、柱的主体构筑物以塑竹装饰的构件。塑竹梁、柱的塑竹种类有毛竹、黄金间碧竹等。

5. 铁艺栏杆、塑料栏杆

(1)栏杆的高度。栏杆不能简单地以高度来适应管理上的要求,要因地制宜,考虑功能的要求。

1)悬崖峭壁、洞口、陡坡、险滩等处的防护栏杆的高度一般为 $1.1\sim1.2m$,栏杆栅的间距要小于 $12cm$,其构造应粗壮、坚实。

2)设在花坛、小水池、草坪边以及道路绿化带边缘的装饰性镶边栏杆的高度为 $15\sim30cm$,其造型纤细、轻巧、简洁、大方。

3)台阶、坡地的一般防护栏杆、扶手栏杆的高度通常在 $90cm$ 左右。

4)坐凳式栏杆、靠背式栏杆常与建筑物相结合设于墙柱之间或桥边、池畔等处,既可起围护作用,又可供游人休息使用。

5)用于分隔空间的栏杆要求轻巧空透、装饰性强,其高度视不同环境的需要而定。

(2)防护材料的种类。

1)调和漆。调和漆是建设工程中使用最广泛的一种油漆。以干性油为主要成膜物质,加入着色颜料、体质颜料、溶剂、催干剂等加工成为磁性调和漆。没有加树脂或松香脂的为"油性调和漆"。油性调和漆干性较差,漆膜较软,光泽及平滑性比磁性调和漆差,但其附着力强,耐候性好,不易粉化和龟裂,比磁性调和漆耐久。

2)防锈漆。防锈漆是防止金属件锈蚀的一种油漆,主要有油漆和树脂防锈漆两大类。

6. 标志牌

标志牌具有接近群众、占地少、变化多、造价低等特点。除其本身的功能外,它还以其优美的造型、灵活的布局装点美化园林环境。标志牌宜选在人流量大的地段以及游人聚集、停留、休息的处所,如园林绿地及各种小广场的周边及道路的两侧等地。也可结合建筑、游廊、园墙等设置,若在人流量大的地段设置,为避免互相干扰,其位置应尽可能避开人流路线。

(1)材料种类、规格。标志主件的制作材料,为耐久常选用花岗岩类天然石、不锈钢、铝、红杉类的坚固耐用的木材、瓷砖、丙烯板等。构件的制作材料一般采用混凝土、钢材、砖材等。

(2)镌字规格、种类。碑镌字分阴文(凹字)和阳文(凸字)两种,阴文(凹字)按字体大小分为 $50cm \times 50cm$、$30cm \times 30cm$、$15cm \times 15cm$、$10cm \times 10cm$、$5cm \times 5cm$ 五个规格。阳文(凸字)按字体大小分为 $50cm \times 50cm$、$30cm \times 30cm$、$15cm \times 15cm$、$10cm \times 10cm$ 四个规格。

7. 景墙

景墙是园林中常见的小品,其形式不拘一格,功能因需而设,材料丰富多样。

8. 景窗

景窗俗称花墙头、漏墙、花墙洞、漏花窗、花窗,是一种满格的装饰性透空窗,外观为不封闭的空窗,窗洞内装饰着各种漏空图案,透过景窗可隐约看到窗外景物。为了便于观看窗外景色,景窗高度多与人眼视线相平,下框离地面一般在1.3m左右。也有专为采光、通风和装饰用的景窗,离地面较高。

9. 花饰

花饰是用花卉对环境进行美化和装饰。

10. 博古架

博古架是一种在室内陈列古玩珍宝的多层木架,是类似书架的木器。博古架中分成不同样式的许多层小格,格内陈设各种古玩、器皿,故又名为"什锦槅子"、"集锦槅子"或"多宝槅子"。每层形状不规则,前后均敞开,无板壁封挡,便于从各个位置观赏架上放置的器物。

11. 花盆(坛、箱)

花盆(坛、箱)是指将同期开放的多种花卉,或不同颜色的同种花卉,根据一定的图案设计,栽种于特定的规则式或自然式的苗床内。它是公园、广场、街道绿地、工厂、机关以及学校等绿化布置中的重点。

12. 摆花

摆花是指将花盆或花坛按一定的图形摆放在公园、广场或街道上。

13. 花池

花池是指养花和栽树用的围栏区域。

14. 垃圾箱

垃圾箱是指存放垃圾的容器,作用与垃圾桶相同,一般是正方形或长方形。

15. 砖石砌小摆设

砖石砌小摆设是指用砖石材料砌筑的各种仿匾额、花瓶、花盆、石鼓、坐凳及小型水盆、花坛池、花架。

三、工程量计算实例

【例 6-24】 某园路根据设计要求,需要在两侧安置对称仿古式石灯,两灯之间的距离为 4m,已知该园路长 24m。图 6-21 所示为仿古式石灯示意图,试计算其工程量。

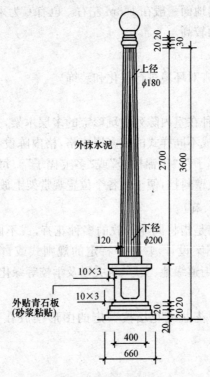

图 6-21 仿古式石灯示意图

【解】 仿古式石灯工程量=(24/4+1)×2=14 个

工程量计算结果见表 6-35。

表 6-35　　　　　　　　　　工程量计算表

项目编码	项目名称	项目特征描述	计量单位	工程量
050307001001	石灯	仿古式石灯,圆锥台形,上径 ϕ180mm,下径 ϕ200mm,高 3600mm	个	14

第六章 园林景观工程工程量计算

【例6-25】 某公园里有一供人们休息观赏的花架,如图6-22所示,设计要求如下:

(1)花架柱梁均为用混凝土浇筑而成的长方体,外面用水泥砂浆抹面,然后水泥砂浆找平,最后用水泥砂浆粉刷出树皮外形。已知水泥砂浆厚度为60mm,水泥砂浆找平厚度为40mm,水泥砂浆抹面厚度为10mm。

(2)花架柱高2.8m,截面尺寸为600mm×400mm。

(3)花架横梁每根长1.5m,截面尺寸为300mm×300mm;纵梁长13m,截面尺寸为300mm×400mm。

(4)花架埋入地下0.5m,所挖坑的长宽比柱的截面各多出0.1m,柱下为25mm厚1∶3白灰砂浆,150mm厚3∶7灰土,200mm厚砂垫层,素土夯实。

试根据上述条件计算工程量。

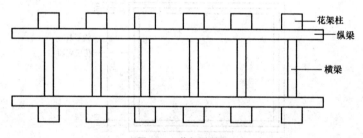

图6-22 花架平面图

【解】 (1)确定花架柱长。从图中可以看出共有花架柱12根,因而可得:

花架柱长 $L = 2.8 \times 12 = 33.6$ (m)

(2)确定花架梁长。从图中可以看出该花架共有2根纵梁,6根横梁,因而可得:

$$L_{纵梁} = 2 \times 13 = 26 \text{(m)}$$
$$L_{横梁} = 6 \times 1.5 = 9 \text{(m)}$$

工程量计算结果见表6-36。

表 6-36　　　　　　　　　　工程量计算表

项目编码	项目名称	项目特征描述	计量单位	工程量
050307004001	塑树皮柱	柱高 2.8m，截面尺寸为 600mm×400mm	m	33.6
050307004002	塑树皮梁	横梁，每根长 1.5m，截面尺寸为 300mm×300mm	m	26
050307004003	塑树皮梁	纵梁，每根长 13m，截面尺寸为 300mm×400mm	m	9

【例 6-26】 图 6-23 所示为某园林景区内的一花坛构造，该花坛的外围延长为 4.28m×3.68m，花坛边缘安装铁件制作的栏杆，高 22cm，试计算铁栏杆工程量。

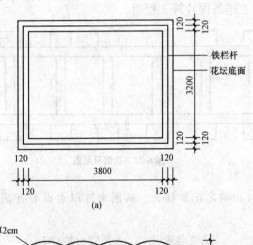

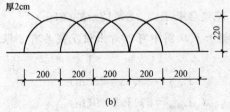

图 6-23　花坛平面构造图与栏杆构造图

第六章 园林景观工程工程量计算

【解】 从图 6-23 中可以看出安装铁艺栏杆的规格为 4.04m×3.44m，由此可得

铁艺栏杆工程量＝4.04×2＋3.44×2＝14.96(m)

工程量计算结果见表 6-37。

表 6-37　　　　　　　　　工程量计算表

项目编码	项目名称	项目特征描述	计量单位	工程量
050307006001	铁艺栏杆	4.04m×3.44m，高 22cm	m	14.96

【例 6-27】 为了保护草坪、防止践踏，分别在草坪上设置长方形标志牌和圆形标志牌，如图 6-24 所示。长方形木标志牌的厚度为 30mm，其柱为长方体，厚度为 32mm，外用混合油漆(醇酸磁漆)涂面，共 5 个；圆形木标志牌牌面为圆形，厚度为 25mm，其柱为长方体，厚度为 30mm，外用混合油漆(醇酸磁漆)涂面，共 8 个。试计算其工程量。

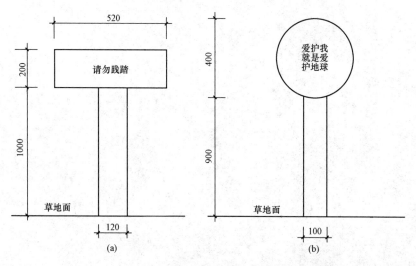

图 6-24　标志牌

(a)长方形木标志牌示意图；(b)圆形木标志牌示意图

【解】 长方形木标志牌工程量＝5 个

圆形木标志牌工程量=8个

工程量计算结果见表6-38。

表6-38 工程量计算表

项目编码	项目名称	项目特征描述	计量单位	工程量
050307009001	标志牌	长方形木标志牌,厚度为30mm,其柱为长方体,厚度为32mm,外用混合油漆(醇酸磁漆)涂面	个	5
050307009002	标志牌	圆形木标志牌,厚度为25mm,其柱为长方体,厚度为30mm,外用混合油漆(醇酸磁漆)涂面	个	8

第七章 措施项目工程量计算

第一节 脚手架工程

一、脚手架工程清单项目设置及工程量计算规则

脚手架工程工程量清单项目设置、项目特征描述的内容、计量单位、工作内容应按《园林绿化工程工程量计算规范》(GB 50858—2013) 中 D.1 的规定执行,内容详见表 7-1。

表 7-1　　　　脚手架工程(编码:050401)

项目编码	项目名称	项目特征	计量单位	工程量计算规则	工作内容
050401001	砌筑脚手架	1. 搭设方式 2. 墙体高度	m²	按墙的长度乘以墙的高度以面积计算(硬山建筑山墙高算至山尖)。独立砖石柱高度在 3.6m 以内时,以柱结构周长乘以柱高计算,独立砖石柱高度在 3.6m 以上时,以柱结构周长加 3.6m 乘以柱高计算。 凡砌筑高度在 1.5m 及以上的砌体,应计算脚手架	1. 场内、场外材料搬运 2. 搭、拆脚手架、斜道、上料平台 3. 铺设安全网 4. 拆除脚手架后材料分类堆放

续表

项目编码	项目名称	项目特征	计量单位	工程量计算规则	工作内容
050401002	抹灰脚手架	1. 搭设方式 2. 墙体高度	m²	按抹灰墙面的长度乘以高度以面积计算(硬山建筑山墙高算至山尖)。独立砖石柱高度在3.6m以内时,以柱结构周长乘以柱高计算,独立砖石柱高度在3.6m以上时,以柱结构周长加3.6m乘以柱高计算	1. 场内、场外材料搬运 2. 搭、拆脚手架、斜道、上料平台 3. 铺设安全网 4. 拆除脚手架后材料分类堆放
050401003	亭脚手架	1. 搭设方式 2. 檐口高度	1. 座 2. m²	1. 以座计量,按设计图示数量计算 2. 以平方米计量,按建筑面积计算	
050401004	满堂脚手架	1. 搭设方式 2. 施工面高度	m²	按搭设的地面主墙间尺寸以面积计算	
050401005	堆砌(塑)假山脚手架	1. 搭设方式 2. 假山高度	m²	按外围水平投影最大矩形面积计算	
050401006	桥身脚手架	1. 搭设方式 2. 桥身高度	m²	按桥基础底面至桥面平均高度乘以河道两侧宽度以面积计算	
050401007	斜道	斜道高度	座	按搭设数量计算	

二、脚手架工程清单项目说明

脚手架是指施工现场为工人操作并解决垂直和水平运输而搭设的各种支架。其主要为了施工人员上下操作或外围安全网围护及高空安装构件等作业。

脚手架的种类较多,可按照用途、构架方式、设置形式、支固方式、脚手架平杆与立杆的连接方式以及材料来划分种类,见表7-2。此外,还按脚手架的材料划分为传统的竹、木脚手架,钢管脚手架或金属脚手架等。

表 7-2　　　　　　　　　　　脚手架种类

分类方法	种类及说明
按用途划分	(1)操作用脚手架。又分为结构脚手架和装修脚手架。其架面施工荷载标准值分别规定为 $3kN/m^2$ 和 $2kN/m^2$。 (2)防护用脚手架。架面施工(搭设)荷载标准值可按 $1kN/m^2$ 计算。 (3)承重—支撑用脚手架。架面荷载按实际使用值计算
按构架方式划分	(1)杆件组合式脚手架。 (2)框架组合式脚手架(简称"框组式脚手架")。由简单的平面框架(如门架、梯架、"日"字架和"目"字架等)与连接、撑拉杆件组合而成的脚手架,如门式钢管脚手架、梯式钢管脚手架和其他各种框式构件组装的鹰架等。 (3)格构件组合式脚手架。由桁架梁和格构柱组合而成的脚手架,如桥式脚手架[又分提升(降)式和沿齿条爬升(降)式两种]。 (4)台架。具有一定高度和操作平面的平台架,多为定型产品,其本身具有稳定的空间结构,可单独使用或立拼增高与水平连接扩大,并常带有移动装置
按脚手架的设置形式划分	(1)单排脚手架。只有一排立杆,横向平杆的一端搁置在墙体上的脚手架。 (2)双排脚手架。由内外两排立杆和水平杆构成的脚手架。 (3)满堂脚手架。按施工作业范围满设的,纵、横两个方向各有三排以上立杆的脚手架。 (4)封圈型脚手架。沿建筑物或作业范围周边设置并相互交圈连接的脚手架。 (5)开口型脚手架。沿建筑周边非交圈设置的脚手架,其中呈直线型的脚手架为"一字型"脚手架。 (6)特型脚手架。具有特殊平面和空间造型的脚手架,如用于烟囱、水塔、冷却塔以及其他平面为圆形、环形、"外方内圆"形、多边形以及上扩、上缩等特殊形式的建筑施工脚手架

续表

分类方法	种类及说明
按脚手架的支固方式划分	(1)落地式脚手架。搭设(支座)在地面、楼面、墙面或其他平台结构之上的脚手架。 (2)悬挑脚手架(简称"挑脚手架")。采用悬挑方式支固的脚手架。 (3)附墙悬挂脚手架(简称"挂脚手架")。在上部或(和)中部挂设于墙体挂件上的定型脚手架。 (4)悬吊脚手架(简称"吊脚手架")。悬吊于悬挑梁或工程结构之下的脚手架。当采用篮式作业架时,称为"吊篮"。 (5)附着式升降脚手架(简称"爬架")。搭设一定高度附着于工程结构上,依靠自身的升降设备和装置,可随工程结构逐层爬升或下降,具有防倾覆、防坠落装置的悬空外脚手架。 (6)整体式附着升降脚手架。有三个以上提升装置的连跨升降的附着式升降脚手架。 (7)水平移动脚手架。带行走装置的脚手架或操作平台架
按脚手架平、立杆的连接方式划分	(1)承插式脚手架。在平杆与立杆之间采用承插连接的脚手架。 (2)扣接式脚手架。使用扣件箍紧连接的脚手架,即靠拧紧扣件螺栓所产生的摩擦作用构架和承载的脚手架。 (3)销栓式脚手架。采用对穿螺栓或销杆连接的脚手架,这种形式的脚手架已很少使用

第二节 模板工程

一、模板工程清单项目设置及工程量计算规则

模板工程工程量清单项目设置、项目特征描述的内容、计量单位、工作内容应按《园林绿化工程工程量计算规范》(GB 50858—2013)中D.2的规定执行,内容详见表7-3。

第七章 措施项目工程量计算

表 7-3　　　　　模板工程(编码:050402)

项目编码	项目名称	项目特征	计量单位	工程量计算规则	工作内容
050402001	现浇混凝土垫层	厚度	m^2	按混凝土与模板的接触面积计算	1. 制作 2. 安装 3. 拆除 4. 清理 5. 刷隔离剂 6. 材料运输
050402002	现浇混凝土路面				
050402003	现浇混凝土路牙、树池围牙	高度			
050402004	现浇混凝土花架柱	断面尺寸			
050402005	现浇混凝土花架梁	1. 断面尺寸 2. 梁底高度			
050402006	现浇混凝土花池	池壁断面尺寸			
050402007	现浇混凝土桌凳	1. 桌凳形状 2. 基础尺寸、埋设深度 3. 桌面尺寸、支墩高度 4. 凳面尺寸、支墩高度	1. m^3 2. 个	1. 以立方米计量,按设计图示混凝土体积计算 2. 以个计量,按设计图示数量计算	
050402008	石桥拱券石、石券脸胎架	1. 胎架面高度 2. 矢高、弦长	m^2	按拱券石、石券脸弧形底面展开尺寸以面积计算	

二、模板工程清单项目说明

模板工程是指新浇混凝土成型的模板以及支承模板的一整套构造体系,其中,接触混凝土并控制预定尺寸、形状、位置的构造部分称为模板,支持和固定模板的杆件、桁架、联结件、金属附件、工作便桥等构成支承体系,对于滑动模板,自升模板则增设提升动力以及提升架、平台等构成。模板工程在混凝土施工中是一种临时结构。

第三节 树木支撑架、草绳绕树干、搭设遮阴(防寒)棚工程

一、树木支撑架、草绳绕树干、搭设遮阴(防寒)棚工程清单项目设置及工程量计算规则

树木支撑架、草绳绕树干、搭设遮阴(防寒)棚工程工程量清单项目设置、项目特征描述的内容、计量单位、工作内容应按《园林绿化工程工程量计算规范》(GB 50858—2013)中 D.3 的规定执行,内容详见表 7-4。

表 7-4 树木支撑架、草绳绕树干、搭设遮阴(防寒)棚工程(编码:050403)

项目编码	项目名称	项目特征	计量单位	工程量计算规则	工作内容
050403001	树木支撑架	1. 支撑类型、材质 2. 支撑材料规格 3. 单株支撑材料数量	株	按设计图示数量计算	1. 制作 2. 运输 3. 安装 4. 维护

续表

项目编码	项目名称	项目特征	计量单位	工程量计算规则	工作内容
050403002	草绳绕树干	1. 胸径（干径） 2. 草绳所绕树干高度	株	按设计图示数量计算	1. 搬运 2. 绕杆 3. 余料清理 4. 养护期后清除
050403003	搭设遮阴(防寒)棚	1. 搭设高度 2. 搭设材料种类、规格	1. m² 2. 株	1. 以平方米计量，按遮阴（防寒）棚外围覆盖层的展开尺寸以面积计算 2. 以株计量，按设计图示数量计算	1. 制作 2. 运输 3. 搭设、维护 4. 养护期后清除

二、树木支撑架、草绳绕树干、搭设遮阴(防寒)棚工程清单项目说明

1. 树木支撑架

树木支撑架由横支撑杆、竖支撑杆、连接螺钉组成；其上部横支撑杆连接成口字形，比三角形更加牢固，其下部的横支撑杆连接成口字形，上下两层横支撑杆四角与竖支撑杆连接，四根竖支撑杆向外撑开达到牢固支撑的目的。所有横支撑杆的两端螺钉连接处都开有调节槽，这样可以方便调节围径大小。连接位置使用连接螺钉进行连接，使其拆卸安装十分方便快捷。这样可以适应各种不同的树木品种和围径，可以灵活地调节，而且能以稳定的状态支撑树木，利于树木的成活与生长，抗击台风等自然灾害。外部制造工艺细致地将支撑杆打磨处理光滑，便于安装和环境美观，支撑杆花纹为原木的原始花纹并对

其进行特殊的处理后使其更加坚固耐用。

2. 遮阴篷搭设

遮阴篷的搭设分为小规模(2亩以内)和中大规模扦插类型(5～100亩)。小规模扦插搭棚要求不严格,各种类型的遮阴篷均可,以方便、适用、节省、快捷为准。大规模扦插搭棚必须牢固、抗风,若搭棚不牢固,有可能垮篷倒篷。园林遮阴篷必须缝合牢固、抗老化时间最少两年以上(如使用抗老化时间为1年的,中途可能出现质量问题,导致扦插成活率低,扦插苗大量死亡)。

第四节 围堰、排水工程

一、围堰、排水工程清单项目设置及工程量计算规则

围堰、排水工程工程量清单项目设置、项目特征描述的内容、计量单位、工作内容应按《园林绿化工程工程量计算规范》(GB 50858—2013)中D.4的规定执行,内容详见表7-5。

表7-5　　　　围堰、排水工程(编码:050404)

项目编码	项目名称	项目特征	计量单位	工程量计算规则	工作内容
050404001	围堰	1. 围堰断面尺寸 2. 围堰长度 3. 围堰材料及灌装袋材料品种、规格	1. m^3 2. m	1. 以立方米计量,按围堰断面面积乘以堤顶中心线长度以体积计算 2. 以米计量,按围堰堤顶中心线长度以延长米计算	1. 取土、装土 2. 堆筑围堰 3. 拆除、清理围堰 4. 材料运输

续表

项目编码	项目名称	项目特征	计量单位	工程量计算规则	工作内容
050404002	排水	1. 种类及管径 2. 数量 3. 排水长度	1. m³ 2. 天 3. 台班	1. 以立方米计量,按需要排水量以体积计算,围堰排水按堰内水面面积乘以平均水深计算 2. 以天计量,按需要排水日历天计算 3. 以台班计算,按水泵排水工作台班计算	1. 安装 2. 使用、维护 3. 拆除水泵 4. 清理

二、围堰、排水工程清单项目说明

1. 围堰

围堰是指在工程建设中修建的临时性围护结构。其作用是防止水和土进入建筑物的修建位置,以便在围堰内排水,开挖基坑,修筑建筑物。

2. 排水工程

园林排水工程的主要任务是将雨水、废水、污水收集起来并输送到适当地点排除,或经过处理之后再重复利用和排除掉。园林中如果没有排水工程,雨水、污水淤积园内,将会使植物遭受涝灾,滋生大量蚊虫并传播疾病;既影响环境卫生,又会严重影响园里的所有游园活动。因此,在每一项园林工程中都要设置良好的排水工程设施。

第五节 安全文明施工及其他措施项目

一、安全文明施工及其他措施项目清单项目设置及工程量计算规则

安全文明施工及其他措施项目工程量清单项目设置、项目特征描

述的内容、计量单位、工作内容应按《园林绿化工程工程量计算规范》(GB 50858—2013)中 D.5 的规定执行,内容详见表 7-6。

表 7-6　　安全文明施工及其他措施项目(编码:050405)

项目编码	项目名称	工作内容及包含范围
050405001	安全文明施工	1. 环境保护:现场施工机械设备降低噪声、防扰民措施;水泥、种植土和其他易飞扬细颗粒建筑材料密闭存放或采取覆盖措施等;工程防扬尘洒水;土石方、杂草、种植遗弃物及建渣外运车辆防护措施等;现场污染源的控制、生活垃圾清理外运、场地排水排污措施;其他环境保护措施。 2. 文明施工:"五牌一图";现场围挡的墙面美化(包括内外粉刷、刷白、标语等)、压顶装饰;现场厕所便槽刷白、贴面砖,水泥砂浆地面或地砖,建筑物内临时便溺设施;其他施工现场临时设施的装饰装修、美化措施;现场生活卫生设施;符合卫生要求的饮水设备、淋浴、消毒等设施;生活用洁净燃料;防煤气中毒、防蚊虫叮咬等措施;施工现场操作场地的硬化;现场绿化、治安综合治理;现场配备医药保健器材、物品和急救人员培训;用于现场工人的防暑降温、电风扇、空调等设备及用电;其他文明施工措施。 3. 安全施工:安全资料、特殊作业专项方案的编制,安全施工标志的购置及安全宣传;"三宝"(安全帽、安全带、安全网)、"四口"(楼梯口、管井口、通道口、预留洞口)、"五临边"(园桥围边、驳岸围边、跌水围边、槽坑围边、卸料平台两侧),水平防护架、垂直防护架、外架封闭等防护;施工安全用电,包括配电箱三级配电、两级保护装置要求、外电防护措施;起重设备(含起重机、井架、门架)的安全防护措施(含警示标志)及卸料平台的临边防护、层间安全门、防护棚等设施;园林工地起重机械的检验检测;施工机具防护棚及其围栏的安全保护设施;施工安全防护通道;工人的安全防护用品、用具购置;消防设施与消防器材的配置;电气保护、安全照明设施;其他安全防护措施。
050405001	安全文明施工	4. 临时设施:施工现场采用彩色、定型钢板、砖、混凝土砌块等围挡的安砌、维修、拆除;施工现场临时建筑物、构筑物的搭设、维修、拆除,如临时宿舍、办公室、食堂、厨房、厕所、诊疗所、临时文化福利用房、临时仓库、加工场、搅拌台、临时简易水塔、水池;施工现场临时设施的搭设、维修、拆除,如临时供水管道、临时供电管线、小型临时设施等;施工现场规定范围内临时简易道路铺设,临时排水沟、排水设施的安砌、维修、拆除;其他临时设施的搭设、维修、拆除

续表

项目编码	项目名称	工作内容及包含范围
050405002	夜间施工	1. 夜间固定照明灯具和临时可移动照明灯具的设置、拆除。 2. 夜间施工时施工现场交通标志、安全标牌、警示灯等的设置、移动、拆除。 3. 夜间照明设备及照明用电、施工人员夜班补助、夜间施工劳动效率降低等
050405003	非夜间施工照明	为保证工程施工正常进行,在如假山石洞等特殊施工部位施工时所采用的照明设备的安拆、维护及照明用电等
050405004	二次搬运	由于施工场地条件限制而发生的材料、植物、成品、半成品等一次运输不能到达堆放地点,必须进行的二次或多次搬运
050405005	冬雨季施工	1. 冬雨(风)季施工时增加的临时设施(防寒保温、防雨、防风设施)的搭设、拆除。 2. 冬雨(风)季施工时对植物、砌体、混凝土等采用的特殊加温、保温和养护措施。 3. 冬雨(风)季施工时施工现场的防滑处理,对影响施工的雨雪的清除。 4. 冬雨(风)季施工时增加的临时设施、施工人员的劳动保护用品、冬雨(风)季施工劳动效率降低等
050405006	反季节栽植影响措施	因反季节栽植,在增加材料、人工、防护、养护、管理等方面采取的种植措施及保证成活率措施
050405007	地上、地下设施的临时保护设施	在工程施工过程中,对已建成的地上、地下设施和植物进行的遮盖、封闭、隔离等必要保护措施
050405008	已完工程及设备保护	对已完工程及设备采取的覆盖、包裹、封闭、隔离等必要的保护措施

注:本表所列项目应根据工程实际情况计算措施项目费用,需分摊的应合理计算摊销费用。

二、安全文明施工及其他措施项目清单项目说明

1. 安全文明施工

安全文明施工包括环境保护、文明施工、安全施工和临时设施等内容。

(1)环境保护。环境保护是按照法律法规、各级主管部门和企业

的要求,保护和改善作业现场的环境,控制现场的各种粉尘、废水、废气、固体废弃物、噪声、振动等对环境的污染和危害。

(2)文明施工。文明施工是指保持施工场地整洁卫生,施工组织科学,施工程序合理的一种施工活动。实现文明施工,不仅要着重做好现场的场容管理工作,而且还要相应做好现场材料、机械、安全、技术、保卫、消防和生活卫生等方面的管理工作。一个工地的文明施工水平是该工地乃至所在企业各项管理工作水平的综合体现。

2. 其他措施项目

其他措施项目包括夜间施工、非夜间施工照明、二次搬运、冬雨季施工、反季节栽植影响措施、地上地下设施的临时保护设施和已完工程及设备保护等内容。

第八章 清单计价模式下的施工合同管理

第一节 合同价款约定与调整

一、合同价款约定

1. 一般规定

(1)工程合同价款的约定是建设工程合同的主要内容。根据有关法律条款的规定,实行招标的工程合同价款应在中标通知书发出之日起 30 天内,由发承包双方依据招标文件和中标人的投标文件在书面合同中约定。

工程合同价款的约定应满足以下几个方面的要求:
1)约定的依据要求:招标人向中标的投标人发出的中标通知书。
2)约定的时间要求:自招标人发出中标通知书之日起 30 天内。
3)约定的内容要求:招标文件和中标人的投标文件。
4)合同的形式要求:书面合同。

在工程招投标及建设工程合同签订过程中,招标文件应视为要约邀请,投标文件为要约,中标通知书为承诺。因此,在签订建设工程合同时,若招标文件与中标人的投标文件有不一致的地方,应以投标文件为准。

(2)实行招标的工程,合同约定不得违背招标文件中关于工期、造价、资质等方面的实质性内容。合同实质性内容,《中华人民共和国合同法》第三十条规定:"有关合同标的、数量、质量、价款或者报酬、履行期限、履行地点和方式、违约责任和解决争议方法等的变更,是对要约内容的实质性变更"。

(3)不实行招标的工程合同价款,应在发承包双方认可的工程价款基础上,由发承包双方在合同中约定。

(4)工程建设合同的形式对工程量清单计价的适用性不构成影响,无论是单价合同、总价合同,还是成本加酬金合同均可以采用工程量清单计价。采用单价合同形式时,经标价的工程量清单是合同文件必不可少的组成内容,其中的工程量一般具备合同约束力(量可调),工程款结算时按照合同中约定应予计量并实际完成的工程量进行调整,由招标人提供统一的工程量清单则彰显了工程量清单计价的主要优点。总价合同是指总价包干或总价不变合同,采用总价合同形式,工程量清单中的工程量不具备合同的约束力(量不可调),工程量以合同图纸的标示内容为准,工程量以外的其他内容一般均赋予合同约束力,以方便合同变更的计量和计价。成本加酬金合同是承包人不承担任何价格变化风险的合同。

"13计价规范"中规定:"实行工程量清单计价的工程,应采用单价合同;建设规模较小,技术难度较低,工期较短,且施工图设计已审查批准的建设工程可采用总价合同;紧急抢险、救灾以及施工技术特别复杂的建设工程可采用成本加酬金合同"。单价合同约定的工程价款中所包含的工程量清单项目综合单价在约定条件内是固定的,不予调整,工程量允许调整。工程量清单项目综合单价在约定的条件外,允许调整。但调整方式、方法应在合同中约定。

2. 合同价款约定内容

(1)发承包双方应在合同条款中对下列事项进行约定:

1)预付工程款的数额、支付时间及抵扣方式。预付款是发包人为解决承包人在施工准备阶段资金周转问题提供的协助。如使用大宗材料,可根据工程具体情况设置工程材料预付款。

2)安全文明施工措施的支付计划,使用要求等。

3)工程计量与支付工程进度款的方式、数额及时间。

4)工程价款的调整因素、方法、程序、支付及时间。

5)施工索赔与现场签证的程序、金额确认与支付时间。

6)承担计价风险的内容、范围以及超出约定内容、范围的调整办法。

7)工程竣工价款结算编制与核对、支付及时间。

8)工程质量保证金的数额、预留方式及时间。

9)违约责任以及发生合同价款争议的解决方法及时间。

10)与履行合同、支付价款有关的其他事项等。

由于合同中涉及工程价款的事项较多,能够详细约定的事项应尽可能具体的约定,约定的用词应尽可能唯一,如有几种解释,最好对用词进行定义,尽量避免因理解上的歧义造成合同纠纷。

(2)合同中没有按照上述第(1)条的要求约定或约定不明的,若发承包双方在合同履行中发生争议由双方协商确定;当协商不能达成一致时,应按"13计价规范"的规定执行。

二、合同价款调整

(一)一般规定

(1)下列事项(但不限于)发生时,发承包双方应当按照合同约定调整合同价款:

1)法律法规变化。

2)工程变更。

3)项目特征不符。

4)工程量清单缺项。

5)工程量偏差。

6)计日工。

7)物价变化。

8)暂估价。

9)不可抗力。

10)提前竣工(赶工补偿)。

11)误期赔偿。

12)索赔。

13)现场签证。

14)暂列金额。

15)发承包双方约定的其他调整事项。

(2)出现合同价款调增事项(不含工程量偏差、计日工、现场签证、索赔)后的14天内,承包人应向发包人提交合同价款调增报告并附上相关资料;承包人在14天内未提交合同价款调增报告的,应视为承包人对该事项不存在调整价款请求。

此处所指合同价款调增事项不包括工程量偏差,是因为工程量偏差的调整在竣工结算完成之前均可提出;不包括计日工、现场签证和索赔,是因为这三项的合同价款调增时限在"13计价规范"中另有规定。

(3)出现合同价款调减事项(不含工程量偏差、索赔)后的14天内,发包人应向承包人提交合同价款调减报告并附相关资料;发包人在14天内未提交合同价款调减报告的,应视为发包人对该事项不存在调整价款请求。

基于上述第(2)条同样的原因,此处合同价款调减事项中不包括工程量偏差和索赔两项。

(4)发(承)包人应在收到承(发)包人合同价款调增(减)报告及相关资料之日起14天内对其核实,予以确认的应书面通知承(发)包人。当有疑问时,应向承(发)包人提出协商意见。发(承)包人在收到合同价款调增(减)报告之日起14天内未确认也未提出协商意见的,应视为承(发)包人提交的合同价款调增(减)报告已被发(承)包人认可。发(承)包人提出协商意见的,承(发)包人应在收到协商意见后的14天内对其核实,予以确认的应书面通知发(承)包人。承(发)包人在收到发(承)包人的协商意见后14天内既不确认也未提出不同意见的,应视为发(承)包人提出的意见已被承(发)包人认可。

(5)发包人与承包人对合同价款调整的不同意见不能达成一致的,只要对发承包双方履约不产生实质影响,双方应继续履行合同义务,直到其按照合同约定的争议解决方式处理为止。

(6)根据财政部、原建设部印发的《建设工程价款结算暂行办法》(财建〔2004〕369号)的相关规定,如第十五条:"发包人和承包人要加强施工现场的造价控制,及时对工程合同外的事项如实纪录并履行书面手续。凡由发、承包双方授权的现场代表签字的现场签证以及发、承包双方协商确定的索赔等费用,应在工程竣工结算中如实办理,不得因发、承包双方现场代表的中途变更改变其有效性"。"13计价规范"对发承包双方确定调整的合同价款的支付方法进行了约定,即:"经发承包双方确认调整的合同价款,作为追加(减)合同价款,应与工程进度款或结算款同期支付"。

(二)法律法规变化

(1)工程建设过程中,发、承包双方都是国家法律、法规、规章及政策的执行者。因此,在发、承包双方履行合同的过程中,当国家的法律、法规、规章及政策发生变化,国家或省级、行业建设主管部门或其授权的工程造价管理机构据此发布工程造价调整文件,工程价款应当进行调整。"13计价规范"中规定:"招标工程以投标截止日前28天、非招标工程以合同签订前28天为基准日,其后因国家的法律、法规、规章和政策发生变化引起工程造价增减变化的,发承包双方应按照省级或行业建设主管部门或其授权的工程造价管理机构据此发布的规定调整合同价款"。

(2)因承包人原因导致工期延误的,按上述第(1)条规定的调整时间,在合同工程原定竣工时间之后,合同价款调增的不予调整,合同价款调减的予以调整。说明由于承包人原因导致的工期延误,将按不利于承包人的原则调整合同价款。

(三)工程变更

建设工程施工合同实施过程中,如果合同签订时所依赖的承包范围、设计标准、施工条件等发生变化,则必须在新的承包范围、新的设计标准或新的施工条件等前提下对发承包双方的权利和义务进行重新分配,从而建立新的平衡,追求新的公平和合理。由于施工条件变化和发包人要求变化等原因,往往会发生合同约定的工程材料性质和品种、建筑物结构形式、施工工艺和方法等的变动,此时必须变更才能维护合同的公平。因此,"13计价规范"中对因分部分项工程量清单的漏项或非承包人原因引起的工程变更,造成增加新的工程量清单项

目,新增项目综合单价的确定原则进行了约定,具体如下:

(1)因工程变更引起已标价工程量清单项目或其工程数量发生变化时,应按照下列规定调整:

1)已标价工程量清单中有适用于变更工程项目的,应采用该项目的单价;但当工程变更导致该清单项目的工程数量发生变化,且工程量偏差超过 15% 时,该项目单价应按照规定进行调整,即当工程量增加 15% 以上时,增加部分的工程量的综合单价应予调低;当工程量减少 15% 以上时,减少后剩余部分的工程量的综合单价应予调高。采用此条进行调整的前提条件是其采用的材料、施工工艺和方法相同,亦不因此增加关键线路上工程的施工时间。

2)已标价工程量清单中没有适用但有类似于变更工程项目的,可在合理范围内参照类似项目的单价。采用此条进行调整的前提条件是其采用的材料、施工工艺和方法基本相似,不增加关键线路上工程的施工时间,则可仅就其变更后的差异部分参考类似的项目单价,由发、承包双方协商新的项目单价。

3)已标价工程量清单中没有适用也没有类似于变更工程项目的,应由承包人根据变更工程资料、计量规则和计价办法、工程造价管理机构发布的信息价格和承包人报价浮动率提出变更工程项目的单价,并应报发包人确认后调整。承包人报价浮动率可按下列公式计算:

招标工程:

承包人报价浮动率 $L=(1-中标价/招标控制价)\times 100\%$

非招标工程:

承包人报价浮动率 $L=(1-报价/施工图预算)\times 100\%$

4)已标价工程量清单中没有适用也没有类似于变更工程项目,且工程造价管理机构发布的信息价格缺价的,应由承包人根据变更工程资料、计量规则、计价办法和通过市场调查等取得有合法依据的市场价格提出变更工程项目的单价,并应报发包人确认后调整。

(2)工程变更引起施工方案改变并使措施项目发生变化时,承包人提出调整措施项目费的,应事先将拟实施的方案提交发包人确认,

并应详细说明与原方案措施项目相比的变化情况。拟实施的方案经发承包双方确认后执行,并应按照下列规定调整措施项目费:

1) 安全文明施工费应按照实际发生变化的措施项目依据国家或省级、行业建设主管部门的规定计算。

2) 采用单价计算的措施项目费,应按照实际发生变化的措施项目,按上述第(1)条的规定确定单价。

3) 按总价(或系数)计算的措施项目费,按照实际发生变化的措施项目调整,但应考虑承包人报价浮动因素,即调整金额按照实际调整金额乘以上述第(1)条规定的承包人报价浮动率计算。如果承包人未事先将拟实施的方案提交给发包人确认,则应视为工程变更不引起措施项目费的调整或承包人放弃调整措施项目费的权利。

(3) 当发包人提出的工程变更因非承包人原因删减了合同中的某项原定工作或工程,致使承包人发生的费用或(和)得到的收益不能被包括在其他已支付或应支付的项目中,也未被包含在任何替代的工作或工程中时,承包人有权提出并应得到合理的费用及利润补偿。这主要是为了维护合同的公平,防止发包人在签约后擅自取消合同中的工作,转而由发包人自己或其他承包人实施而使本合同工程承包人蒙受损失。

(四) 项目特征不符

工程量清单的项目特征是确定一个清单项目综合单价不可缺少的主要依据。

对工程量清单项目的特征描述具有十分重要的意义,主要体现在三个方面:

① 项目特征是区分清单项目的依据。工程量清单项目特征是用来表述分部分项清单项目的实质内容,用于区分计价规范中同一清单条目下各个具体的清单项目。没有项目特征的准确描述,对于相同或相似的清单项目名称,就无从区分。

② 项目特征是确定综合单价的前提。由于工程量清单项目的特征决定了工程实体的实质内容,必然直接决定了工程实体的自身价值。因此,工程量清单项目特征描述得准确与否,直接关系到工程量

清单项目综合单价的准确确定。

③项目特征是履行合同义务的基础。实行工程量清单计价,工程量清单及其综合单价是施工合同的组成部分,因此,因工程量清单项目特征的描述不清甚至漏项、错误,从而引起在施工过程中的更改,都会引起分歧,导致纠纷。

在按"13工程计量规范"对工程量清单项目的特征进行描述时,应注意"项目特征"与"工作内容"的区别。"项目特征"是工程项目的实质,决定着工程量清单项目的价值大小,而"工作内容"主要讲的是操作程序,是承包人完成能通过验收的工程项目所必须要操作的工序。在"13工程计量规范"中,工程量清单项目与工程量计算规则、工作内容具有一一对应的关系,当采用"13计价规范"进行计价时,工作内容即有规定,无须再对其进行描述。而"项目特征"栏中的任何一项都影响着清单项目的综合单价的确定,招标人应高度重视分部分项工程项目清单项目特征的描述,任何不描述或描述不清,均会在施工合同履约过程中产生分歧,导致纠纷、索赔。

正因为此,在编制工程量清单时,必须对项目特征进行准确而且全面的描述,准确地描述工程量清单的项目特征对于准确地确定工程量清单项目的综合单价具有决定性的作用。

"13计价规范"中对清单项目特征描述及项目特征发生变化后重新确定综合单价的有关要求进行了如下约定:

(1)发包人在招标工程量清单中对项目特征的描述,应被认为是准确的和全面的,并且与实际施工要求相符合。承包人应按照发包人提供的招标工程量清单,根据项目特征描述的内容及有关要求实施合同工程,直到项目被改变为止。

(2)承包人应按照发包人提供的设计图纸实施合同工程,若在合同履行期间出现设计图纸(含设计变更)与招标工程量清单任一项目的特征描述不符,且该变化引起该项目工程造价增减变化的,应按照实际施工的项目特征,按前述"工程计量"中的有关规定重新确定相应工程量清单项目的综合单价,并调整合同价款。

(五)工程量清单缺项

导致工程量清单缺项的原因主要包括:①设计变更;②施工条件改变;③工程量清单编制错误。由于工程量清单的增减变化必然使合同价款发生增减变化,而导致工程量清单缺项的原因,一是设计变更,二是施工条件改变,三是工程量清单编制错误。《建筑工程工程量清单计价规范》(GB 50500—2013)对这部分的规定如下:

(1)合同履行期间,由于招标工程量清单中缺项,新增分部分项工程清单项目的,应按照前述"工程变更"中的第(1)条的有关规定确定单价,并调整合同价款。

(2)新增分部分项工程清单项目后,引起措施项目发生变化的,应按照前述"工程变更"中的第(2)条的有关规定,在承包人提交的实施方案被发包人批准后调整合同价款。

(3)由于招标工程量清单中措施项目缺项,承包人应将新增措施项目实施方案提交发包人批准后,按照前述"工程变更"中的第(1)、(2)条的有关规定调整合同价款。

(六)工程量偏差

施工过程中,由于施工条件、地质水文、工程变更等变化以及招标工程量清单编制人专业水平的差异,往往会造成实际工程量与招标工程量清单出现偏差,工程量偏差过大会对综合成本的分摊带来影响。如突然增加太多,仍按原综合单价计价,对发包人不公平;如突然减少太多,仍按原综合单价计价,对承包人不公平。并且,这给有经验的承包人的不平衡报价打开了大门。为维护合同的公平,"13计价规范"中进行了如下规定:

(1)合同履行期间,当应予计算的实际工程量与招标工程量清单出现偏差,且符合下述第(2)、(3)条规定时,发承包双方应调整合同价款。

(2)对于任一招标工程量清单项目,当因工程量偏差和前述"工程变更"中规定的工程变更等原因导致工程量偏差超过15%时,可进行调整。当工程量增加15%以上时,增加部分的工程量的综合单价应予调低;当工程量减少15%以上时,减少后剩余部分的工程量的综合单价应予调高。

(3) 如果工程量出现变化引起相关措施项目相应发生变化时,按系数或单一总价方式计价的,工程量增加的措施项目费调增,工程量减少的措施项目费调减。反之,如未引起相关措施项目发生变化,则不予调整。

(七) 计日工

(1) 发包人通知承包人以计日工方式实施的零星工作,承包人应予执行。

(2) 采用计日工计价的任何一项变更工作,在该项变更的实施过程中,承包人应按合同约定提交下列报表和有关凭证送发包人复核:

1) 工作名称、内容和数量。

2) 投入该工作所有人员的姓名、工种、级别和耗用工时。

3) 投入该工作的材料名称、类别和数量。

4) 投入该工作的施工设备型号、台数和耗用台时。

5) 发包人要求提交的其他资料和凭证。

(3) 任一计日工项目持续进行时,承包人应在该项工作实施结束后的24小时内向发包人提交有计日工记录汇总的现场签证报告一式三份。发包人在收到承包人提交现场签证报告后的2天内予以确认并将其中一份返还给承包人,作为计日工计价和支付的依据。发包人逾期未确认也未提出修改意见的,应视为承包人提交的现场签证报告已被发包人认可。

(4) 任一计日工项目实施结束后,承包人应按照确认的计日工现场签证报告核实该类项目的工程数量,并应根据核实的工程数量和承包人已标价工程量清单中的计日工单价计算,提出应付价款;已标价工程量清单中没有该类计日工单价的,由发承包双方按前述"工程变更"中的相关规定商定计日工单价计算。

(5) 每个支付期末,承包人应按规定向发包人提交本期间所有计日工记录的签证汇总表,并应说明本期间自己认为有权得到的计日工金额,调整合同价款,列入进度款支付。

第八章 清单计价模式下的施工合同管理

(八)物价变化

(1)合同履行期间,因人工、材料、工程设备、机械台班价格波动影响合同价款时,应根据合同约定,按表8-1所列的方法之一调整合同价款。

(2)承包人采购材料和工程设备的,应在合同中约定主要材料、工程设备价格变化的范围或幅度;当没有约定,且材料、工程设备单价变化超过5%时,超过部分的价格应按照表8-1所列的方法计算调整材料、工程设备费。

表8-1　　　　　　　　物价变化合同价款调整方法

序号	项目	内容
1	价格指数调整价格差额	(1)价格调整公式。因人工、材料和工程设备、施工机械台班等价格波动影响合同价格时,根据招标人提供的《承包人提供主要材料和工程设备一览表》(适用于价格指数差额调整法)(表—22),并由投标人在投标函附录中的价格指数和权重表约定的数据,按下式计算差额并调整合同价款: $$\Delta P = P_0 \left[A + \left(B_1 \times \frac{F_{t1}}{F_{01}} + B_2 \times \frac{F_{t2}}{F_{02}} + B_3 \times \frac{F_{t3}}{F_{03}} + \cdots + B_n \times \frac{F_{tn}}{F_{0n}} \right) - 1 \right]$$ 式中　ΔP——需调整的价格差额; $\quad P_0$——约定的付款证书中承包人应得到的已完成工程量的金额。此项金额应不包括价格调整、不计质量保证金的扣留和支付、预付款的支付和扣回。约定的变更及其他金额已按现行价格计价的,也不计在内; $\quad A$——定值权重(即不调部分的权重); $\quad B_1, B_2, B_3, \cdots, B_n$——各可调因子的变值权重(即可调部分的权重),为各可调因子在投标函投标总报价中所占的比例; $\quad F_{t1}, F_{t2}, F_{t3}, \cdots, F_{tn}$——各可调因子的现行价格指数,指约定的付款证书相关周期最后一天的前42天的各可调因子的价格指数; $\quad F_{01}, F_{02}, F_{03}, \cdots, F_{0n}$——各可调因子的基本价格指数,指基准日期的各可调因子的价格指数。

续一

序号	项　目	内　容
1	价格指数调整价格差额	以上价格调整公式中的各可调因子、定值和变值权重,以及基本价格指数及其来源在投标函附录价格指数和权重表中约定。价格指数应首先采用工程造价管理机构提供的价格指数,缺乏上述价格指数时,可采用工程造价管理机构提供的价格代替。 (2)暂时确定调整差额。在计算调整差额时得不到现行价格指数的,可暂用上一次价格指数计算,并在以后的付款中再按实际价格指数进行调整。 (3)权重的调整。约定的变更导致原定合同中的权重不合理时,由承包人和发包人协商后进行调整。 (4)承包人工期延误后的价格调整。由于承包人原因未在约定的工期内竣工的,对原约定竣工日期后继续施工的工程,在使用第(1)条的价格调整公式时,应采用原约定竣工日期与实际竣工日期的两个价格指数中较低的一个作为现行价格指数。 (5)若可调因子包括了人工在内,则不适用"13 计价规范"第 3.4.2 条第 2 款的规定
2	造价信息调整价格差额	(1)施工期内,因人工、材料、工程设备和施工机械台班价格波动影响合同价格时,人工、机械使用费按照国家或省、自治区、直辖市建设行政管理部门、行业建设管理部门或其授权的工程造价管理机构发布的人工成本信息、机械台班单价或机械使用费系数进行调整;需要进行价格调整的材料,其单价和采购数应由发包人复核,发包人确认需调整的材料单价及数量,作为调整合同价款差额的依据。 (2)人工单价发生变化且符合"13 计价规范"第 3.4.2 条第 2 款规定的条件时,发承包双方应按省级或行业建设主管部门或其授权的工程造价管理机构发布的人工成本文件调整合同价款。 (3)材料、工程设备价格变化按照发包人提供的《承包人提供主要材料和工程设备一览表》(适用于价格指数差额调整法)(表-21),由发承包双方约定的风险范围按下列规定调整合同价款: 1)承包人投标报价中材料单价低于基准单价:施工期间材料单价涨幅以基准单价为基础超过合同约定的风险幅度值,或材料单价跌幅以投标报价为基础超过合同约定的风险幅度值时,其超过部分按实调整。

续二

序号	项目	内容
2	造价信息调整价格差额	2）承包人投标报价中材料单价高于基准单价：施工期间材料单价跌幅以基准单价为基础超过合同约定的风险幅度值，或材料单价涨幅以投标报价为基础超过合同约定的风险幅度值时，其超过部分按实调整。 3）承包人投标报价中材料单价等于基准单价：施工期间材料单价涨、跌幅以基准单价为基础超过合同约定的风险幅度值时，其超过部分按实调整。 4）承包人应在采购材料前将采购数量和新的材料单价报送发包人核对，确认用于本合同工程时，发包人应确认采购材料的数量和单价。发包人在收到承包人报送的确认资料后3个工作日不予答复的视为已经认可，作为调整合同价款的依据。如果承包人未经发包人核对即自行采购材料，再报发包人确认调整合同价款的，如发包人不同意，则不作调整。 （4）施工机械台班单价或施工机械使用费发生变化超过省级或行业建设主管部门或其授权的工程造价管理机构规定的范围时，按其规定调整合同价款

（3）发生合同工程工期延误的，应按照下列规定确定合同履行期的价格调整：

1）因非承包人原因导致工期延误的，计划进度日期后续工程的价格，应采用计划进度日期与实际进度日期两者的较高者。

2）因承包人原因导致工期延误的，计划进度日期后续工程的价格，应采用计划进度日期与实际进度日期两者的较低者。

（4）发包人供应材料和工程设备的，不适用《建设工程工程量清单计价规范》（GB 50500—2013）第9.8.1条、第9.8.2条规定，应由发包人按照实际变化调整，列入合同工程的工程造价内。

（九）暂估价

（1）按照《工程建设项目货物招标投标办法》（国家发改委、建设部等七部委27号令）第五条规定："以暂估价形式包括在总承包范围内的货物达到国家规定规模标准的,应当由总承包中标人和工程建设项目招标人共同依法组织招标"。

若发包人在招标工程量清单中给定暂估价的材料、工程设备属于依法必须招标的,应由发承包双方以招标的方式选择供应商,确定价格,并应以此为依据取代暂估价,调整合同价款。

共同招标,不能简单理解为发承包双方共同作为招标人,最后共同与招标人签订合同。恰当的做法应当是仍由总承包中标人作为招标人,采购合同应当由总承包人签订。建设项目招标人参与的共同招标可以通过恰当的途径体现建设项目招标人对这类招标组织的参与、决策和控制。建设项目招标人约束总承包人的最佳途径就是通过合同约定相关的程序。建设项目招标人的参与主要体现在对相关项目招标文件、评标标准和方法等能够体现招标目的和招标要求的文件进行审批,未经审批不得发出招标文件;评标时建设项目招标人也可以派代表进入评标委员会参与评标,否则,中标结果对建设项目招标人没有约束力,并且,建设项目招标人有权拒绝对相应项目拨付工程款,对相关工程拒绝验收。

(2) 发包人在招标工程量清单中给定暂估价的材料、工程设备不属于依法必须招标的,应由承包人按照合同约定采购,经发包人确认单价后取代暂估价,调整合同价款。暂估材料或工程设备的单价确定后,在综合单价中只应取代暂估单价,不应再在综合单价中涉及企业管理费或利润等其他费用的变动。

(3) 发包人在工程量清单中给定暂估价的专业工程不属于依法必须招标的,应按照前述"工程变更"中的相关规定确定专业工程价款,并应以此为依据取代专业工程暂估价,调整合同价款。

(4) 发包人在招标工程量清单中给定暂估价的专业工程,依法必须招标的,应当由发承包双方依法组织招标选择专业分包人,并接受有管辖权的建设工程招标投标管理机构的监督,还应符合下列要求:

1) 除合同另有约定外,承包人不参加投标的专业工程发包招标,应由承包人作为招标人,但拟定的招标文件、评标工作、评标结果应报送发包人批准。与组织招标工作有关的费用应当被认为已经包括在承包人的签约合同价(投标总报价)中。

2)承包人参加投标的专业工程发包招标,应由发包人作为招标人,与组织招标工作有关的费用由发包人承担。同等条件下,应优先选择承包人中标。

3)应以专业工程发包中标价为依据取代专业工程暂估价,调整合同价款。

(十)不可抗力

(1)因不可抗力事件导致的人员伤亡、财产损失及其费用增加,发承包双方应按下列原则分别承担并调整合同价款和工期:

1)合同工程本身的损害、因工程损害导致第三方人员伤亡和财产损失以及运至施工场地用于施工的材料和待安装的设备的损害,应由发包人承担。

2)发包人、承包人人员伤亡应由其所在单位负责,并应承担相应费用。

3)承包人的施工机械设备损坏及停工损失,由承包人承担。

4)停工期间,承包人应发包人要求留在施工场地的必要的管理人员及保卫人员的费用应由发包人承担。

5)工程所需清理、修复费用,应由发包人承担。

(2)不可抗力解除后复工的,若不能按期竣工,应合理延长工期。发包人要求赶工的,赶工费用应由发包人承担。

(十一)提前竣工(赶工补偿)

《建设工程质量管理条例》第十条规定:"建设工程发包单位不得迫使承包方以低于成本的价格竞标,不得任意压缩合理工期"。因此,为了保证工程质量,承包人除了根据标准规范、施工图纸进行施工外,还应当按照科学合理的施工组织设计,按部就班地进行施工作业。

(1)招标人应依据相关工程的工期定额合理计算工期,压缩的工期天数不得超过定额工期的20%,超过者,应在招标文件中明示增加赶工费用。赶工费用主要包括:①人工费的增加,如新增加投入人工的报酬,不经济使用人工的补贴等;②材料费的增加,如可能造成不经济使用材料而损耗过大,材料运输费的增加等;③机械费的增加,如可能增加机械设备投入,不经济的使用机械等。

(2)发包人要求合同工程提前竣工的,应征得承包人同意后与承包人商定采取加快工程进度的措施,并应修订合同工程进度计划。发包人应承担承包人由此增加的提前竣工(赶工补偿)费用,除合同另有约定外,提前竣工补偿的金额可为合同价款的5%。

(3)发承包双方应在合同中约定提前竣工每日历天应补偿额度,此项费用应作为增加合同价款列入竣工结算文件中,应与结算款一并支付。

(十二)误期赔偿

(1)如果承包人未按照合同约定施工,导致实际进度迟于计划进度的,承包人应加快进度,实现合同工期。即使承包人采取了赶工措施,赶工费用仍应由承包人承担。如合同工程仍然误期,承包人应赔偿发包人由此造成的损失,并按照合同约定向发包人支付误期赔偿费,除合同另有约定外,误期赔偿可为合同价款的5%。即使承包人支付误期赔偿费,也不能免除承包人按照合同约定应承担的任何责任和应履行的任何义务。

(2)发承包双方应在合同中约定误期赔偿费,并应明确每日历天应赔额度。误期赔偿费应列入竣工结算文件中,并应在结算款中扣除。

(3)在工程竣工之前,合同工程内的某单项(位)工程已通过了竣工验收,且该单项(位)工程接收证书中表明的竣工日期并未延误,而是合同工程的其他部分产生了工期延误时,误期赔偿费应按照已颁发工程接收证书的单项(位)工程造价占合同价款的比例幅度予以扣减。

(十三)索赔

(1)当合同一方向另一方提出索赔时,应有正当的索赔理由和有效证据,并应符合合同的相关约定。

(2)根据合同约定,承包人认为非承包人原因发生的事件造成了

承包人的损失,应按下列程序向发包人提出索赔:

1)承包人应在知道或应当知道索赔事件发生后 28 天内,向发包人提交索赔意向通知书,说明发生索赔事件的事由。承包人逾期未发出索赔意向通知书的,丧失索赔的权利。

2)承包人应在发出索赔意向通知书后 28 天内,向发包人正式提交索赔通知书。索赔通知书应详细说明索赔理由和要求,并应附必要的记录和证明材料。

3)索赔事件具有连续影响的,承包人应继续提交延续索赔通知,说明连续影响的实际情况和记录。

4)在索赔事件影响结束后的 28 天内,承包人应向发包人提交最终索赔通知书,说明最终索赔要求,并应附必要的记录和证明材料。

(3)承包人索赔应按下列程序处理:

1)发包人收到承包人的索赔通知书后,应及时查验承包人的记录和证明材料。

2)发包人应在收到索赔通知书或有关索赔的进一步证明材料后的 28 天内,将索赔处理结果答复承包人,如果发包人逾期未做出答复,视为承包人索赔要求已被发包人认可。

3)承包人接受索赔处理结果的,索赔款项应作为增加合同价款,在当期进度款中进行支付;承包人不接受索赔处理结果的,应按合同约定的争议解决方式办理。

(4)承包人要求赔偿时,可以选择下列一项或几项方式获得赔偿:

1)延长工期。

2)要求发包人支付实际发生的额外费用。

3)要求发包人支付合理的预期利润。

4)要求发包人按合同的约定支付违约金。

(5)当承包人的费用索赔与工期索赔要求相关联时,发包人在做出费用索赔的批准决定时,应结合工程延期,综合做出费用赔偿和工程延期的决定。

(6)发承包双方在按合同约定办理了竣工结算后,应被认为承包人已无权再提出竣工结算前所发生的任何索赔。承包人在提交的最终结清申请中,只限于提出竣工结算后的索赔,提出索赔的期限应自发承包双方最终结清时终止。

(7)根据合同约定,发包人认为由于承包人的原因造成发包人的损失,宜按承包人索赔的程序进行索赔。

(8)发包人要求赔偿时,可以选择下列一项或几项方式获得赔偿:
1)延长质量缺陷修复期限。
2)要求承包人支付实际发生的额外费用。
3)要求承包人按合同的约定支付违约金。

(9)承包人应付给发包人的索赔金额可从拟支付给承包人的合同价款中扣除,或由承包人以其他方式支付给发包人。

(十四)现场签证

由于施工生产的特殊性,施工过程中往往会出现一些与合同工程或合同约定不一致或未约定的事项,这时就需要发承包双方用书面形式记录下来,这就是现场签证。签证有多种情形,一是发包人的口头指令,需要承包人将其提出,由发包人转换成书面签证;二是发包人的书面通知如涉及工程实施,需要承包人就完成此通知需要的人工、材料、机械设备等内容向发包人提出,取得发包人的签证确认;三是合同工程招标工程量清单中已有,但施工中发现与其不符,比如土方类别,出现流砂等,需承包人及时向发包人提出签证确认,以便调整合同价款;四是由于发包人原因未按合同约定提供场地、材料、设备或停水、停电等造成承包人停工,需承包人及时向发包人提出签证确认,以便计算索赔费用;五是合同中约定材料、设备等价格,由于市场发生变化,需承包人向发包人提出采纳数量及其单价,以便发包人核对后取得发包人的签证确认;六是其他由于施工条件、合同条件变化需现场签证的事项等。

(1)承包人应发包人要求完成合同以外的零星项目、非承包人责任事件等工作的,发包人应及时以书面形式向承包人发出指令,并应提供所需的相关资料;承包人在收到指令后,应及时向发包人提出现

第八章 清单计价模式下的施工合同管理

场签证要求。

(2)承包人应在收到发包人指令后的 7 天内向发包人提交现场签证报告,发包人应在收到现场签证报告后的 48 小时内对报告内容进行核实,予以确认或提出修改意见。发包人在收到承包人现场签证报告后的 48 小时内未确认也未提出修改意见的,应视为承包人提交的现场签证报告已被发包人认可。

(3)现场签证的工作如已有相应的计日工单价,现场签证中应列明完成该类项目所需的人工、材料、工程设备和施工机械台班的数量。如现场签证的工作没有相应的计日工单价,应在现场签证报告中列明完成该签证工作所需的人工、材料设备和施工机械台班的数量及单价。

(4)合同工程发生现场签证事项,未经发包人签证确认,承包人便擅自施工的,除非征得发包人书面同意,否则发生的费用应由承包人承担。

(5)按照财政部、原建设部印发的《建设工程价款结算办法》(财建〔2004〕369 号)第十五条的规定:"发包人和承包人要加强施工现场的造价控制,及时对工程合同外的事项如实纪录并履行书面手续。凡由发、承包双方授权的现场代表签字的现场签证以及发、承包双方协商确定的索赔等费用,应在工程竣工结算中如实办理,不得因发、承包双方现场代表的中途变更改变其有效性。","13 计价规范"规定:"现场签证工作完成后的 7 天内,承包人应按照现场签证内容计算价款,报送发包人确认后,作为增加合同价款,与进度款同期支付。"此举可避免发包方变相拖延工程款以及发包人以现场代表变更而不承认某些索赔或签证的事件发生。

(6)在施工过程中,当发现合同工程内容因场地条件、地质水文、发包人要求等不一致时,承包人应提供所需的相关资料,并提交发包人签证认可,作为合同价款调整的依据。

(十五)暂列金额

(1)已签约合同价中的暂列金额应由发包人掌握使用。

(2)暂列金额虽然列入合同价款,但并不属于承包人所有,也并不必然发生。只有按照合同约定实际发生后,才能成为承包人的应得金额,纳入工程合同结算价款中,发包人按照前述相关规定与要求进行支付后,暂列金额余额仍归发包人所有。

第二节　工程计量与合同价款支付

一、工程计量

(一)一般规定

(1)正确的计量是发包人向承包人支付合同价款的前提和依据,因此"13计价规范"中规定:"工程量必须按照相关工程现行国家计量规范规定的工程量计算规则计算"。这就明确了不论采用何种计价方式,其工程量必须按照相关工程的现行国家计量规范规定的工程量计算规则计算。采用统一的工程量计算规则,对于规范工程建设各方的计量计价行为,有效减少计量争议具有十分重要的意义。

(2)选择恰当的工程计量方式对于正确计量是十分必要的。由于工程建设具有投资大、周期长等特点,因此"13计价规范"中规定:"工程计量可选择按月或按工程形象进度分段计量,当采用分段结算方式时,应在合同中约定具体的工程分段划分界限"。按工程形象进度分段计量与按月计量相比,其计量结果更具稳定性,可以简化竣工结算。但应注意工程形象进度分段的时间应与按月计量保持一定关系,不应过长。

(3)因承包人原因造成的超出合同工程范围的施工或返工的工程量,发包人不予计量。

(4)成本加酬金合同应按单价合同的规定计量。

(二)单价合同的计量

(1)招标工程量清单标明的工程量是招标人根据拟建工程设计文件预计的工程量,不能作为承包人在实际工作中应予完成的实际和准

第八章 清单计价模式下的施工合同管理

确的工程量。招标工程量清单所列的工程量一方面是各投标人进行投标报价的共同基础,另一方面也是对各投标人的投标报价进行评审的共同平台,是招投标活动应当遵循公开、公平、公正和诚实、信用原则的具体体现。发承包双方竣工结算的工程量应以承包人按照现行国家计量规范规定的工程量计算规则计算的实际完成应予计量的工程量确定,而非招标工程量清单所列的工程量。

(2)施工中进行工程计量,当发现招标工程量清单中出现缺项、工程量偏差,或因工程变更引起工程量增减时,应按承包人在履行合同义务中完成的工程量计算。

(3)承包人应当按照合同约定的计量周期和时间向发包人提交当期已完工程量报告。发包人应在收到报告后7天内核实,并将核实计量结果通知承包人。发包人未在约定时间内进行核实的,承包人提交的计量报告中所列的工程量应视为承包人实际完成的工程量。

(4)发包人认为需要进行现场计量核实时,应在计量前24小时通知承包人,承包人应为计量提供便利条件并派人参加。当双方均同意核实结果时,双方应在上述记录上签字确认。承包人收到通知后不派人参加计量,视为认可发包人的计量核实结果。发包人不按照约定时间通知承包人,致使承包人未能派人参加计量,计量核实结果无效。

(5)当承包人认为发包人核实后的计量结果有误时,应在收到计量结果通知后的7天内向发包人提出书面意见,并应附上其认为正确的计量结果和详细的计算资料。发包人收到书面意见后,应在7天内对承包人的计量结果进行复核后通知承包人。承包人对复核计量结果仍有异议的,按照合同约定的争议解决办法处理。

(6)承包人完成已标价工程量清单中每个项目的工程量并经发包人核实无误后,发承包双方应对每个项目的历次计量报表进行汇总,以核实最终结算工程量,并应在汇总表上签字确认。

(三)总价合同的计量

(1)由于工程量是招标人提供的,招标人必须对其准确性和完整性负责,且工程量必须按照相关工程现行国家计量规范规定的工程量计算规则计算,因而对于采用工程量清单方式形成的总价合同,若招标工程量清单中工程量与合同实施过程中的工程量存在差异时,都应按上述"单价合同的计量"中的相关规定进行调整。

(2)采用经审定批准的施工图纸及其预算方式发包形成的总价合同,由于承包人自行对施工图纸进行计量,因此除按照工程变更规定引起的工程量增减外,总价合同各项目的工程量是承包人用于结算的最终工程量。

(3)总价合同约定的项目计量应以合同工程经审定批准的施工图纸为依据,发承包双方应在合同中约定工程计量的形象目标或时间节点进行计量。

(4)承包人应在合同约定的每个计量周期内对已完成的工程进行计量,并向发包人提交达到工程形象目标完成的工程量和有关计量资料的报告。

(5)发包人应在收到报告后7天内对承包人提交的上述资料进行复核,以确定实际完成的工程量和工程形象目标。对其有异议的,应通知承包人进行共同复核。

二、合同价款期中支付

(一)预付款

(1)预付款是发包人为解决承包人在施工准备阶段资金周转问题提供的协助,用于承包人为合同工程施工购置材料、工程设备,购置或租赁施工设备以及组织施工人员进场。预付款应专用于合同工程。

(2)按照财政部、原建设部印发的《建设工程价款结算暂行办法》的相关规定,"13计价规范"中对预付款的支付比例进行了约定:包工包料工程的预付款的支付比例不得低于签约合同价(扣除暂列金额)的10%,不宜高于签约合同价(扣除暂列金额)的30%。预付款的总金额,分期拨付次数,每次付款金额、付款时间等应根据工程规模、工期长短等具体情况,在合同中约定。

(3)承包人应在签订合同或向发包人提供与预付款等额的预付款

保函(如有)后向发包人提交预付款支付申请。

(4)发包人应在收到支付申请的 7 天内进行核实,向承包人发出预付款支付证书,并在签发支付证书后的 7 天内向承包人支付预付款。

(5)发包人没有按合同约定按时支付预付款的,承包人可催告发包人支付;发包人在预付款期满后的 7 天内仍未支付的,承包人可在付款期满后的第 8 天起暂停施工。发包人应承担由此增加的费用和延误的工期,并应向承包人支付合理利润。

(6)当承包人取得相应的合同价款时,预付款应从每一个支付期应支付给承包人的工程进度款中扣回,直到扣回的金额达到合同约定的预付款金额为止。通常约定承包人完成签约合同价款的比例在 20%～30%时,开始从进度款中按一定比例扣还。

(7)承包人的预付款保函(如有)的担保金额根据预付款扣回的数额相应递减,但在预付款全部扣回之前一直保持有效。发包人应在预付款扣完后的 14 天内将预付款保函退还给承包人。

(二)安全文明施工费

(1)财政部、国家安全生产监督管理总局印发的《企业安全生产费用提取和使用管理办法》(财企〔2012〕16 号)第十九条规定:"建设工程施工企业安全费用应当按照以下范围使用:

1)完善、改造和维护安全防护设施设备支出(不含'三同时'要求初期投入的安全设施),包括施工现场临时用电系统、洞口、临边、机械设备、高处作业防护、交叉作业防护、防火、防爆、坑尘、防毒、防雷、防台风、防地质灾害、地下工程有害气体监测、通风、临时安全防护等设施设备支出。

2)配备、维护、保养应急救援器材、设备支出和应急演练支出。

3)开展重大危险源和事故隐患评估、监控和整改支出。

4)安全生产检查、评价(不包括新建、改建、扩建项目安全评价)、咨询和标准化建设支出。

5)配备和更新现场作业人员安全防护用品支出。

6)安全生产宣传、教育、培训支出。

7)安全生产适用的新技术、新标准、新工艺、新装备的推广应用支出。

8)安全设施及特种设备检测检验支出。

9)其他与安全生产直接相关的支出。"

由于工程建设项目因专业及施工阶段的不同,对安全文明施工措施的要求也不一致,因此"13 工程计量规范"针对不同的专业工程特点,规定了安全文明施工的内容和包含的范围。在实际执行过程中,安全文明施工费包括的内容及使用范围,既应符合国家现行有关文件的规定,也应符合"13 工程计量规范"中的规定。

(2)发包人应在工程开工后的 28 天内预付不低于当年施工进度计划的安全文明施工费总额的 60%,其余部分应按照提前安排的原则进行分解,并应与进度款同期支付。

(3)发包人没有按时支付安全文明施工费的,承包人可催告发包人支付;发包人在付款期满后的 7 天内仍未支付的,若发生安全事故,发包人应承担相应责任。

(4)承包人对安全文明施工费应专款专用,在财务账目中应单独列项备查,不得挪作他用,否则发包人有权要求其限期改正;逾期未改正的,造成的损失和延误的工期应由承包人承担。

(三)进度款

(1)发承包双方应按照合同约定的时间、程序和方法,根据工程计量结果,办理期中价款结算,支付进度款。

(2)发包人支付工程进度款,其支付周期应与合同约定的工程计量周期一致。工程量的正确计量是发包人向承包人支付工程进度款的前提和依据。计量和付款周期可采用分段或按月结算的方式。

1)按月结算与支付。即实行按月支付进度款,竣工后结算的办法。合同工期在两个年度以上的工程,在年终进行工程盘点,办理年度结算。

2)分段结算与支付。即当年开工、当年不能竣工的工程按照工程

第八章 清单计价模式下的施工合同管理

形象进度,划分不同阶段支付工程进度款。当采用分段结算方式时,应在合同中约定具体的工程分段划分,付款周期应与计量周期一致。

(3)已标价工程量清单中的单价项目,承包人应按工程计量确认的工程量与综合单价计算;综合单价发生调整的,以发承包双方确认调整的综合单价计算进度款。

(4)已标价工程量清单中的总价项目和采用经审定批准的施工图纸及其预算方式发包形成的总价合同应由承包人根据施工进度计划和总价构成、费用性质、计划发生时间和相应的工程量等因素按计量周期进行分解,分别列入进度款支付申请中的安全文明施工费和本周期应支付的总价项目的金额中,并形成进度款支付分解表,在投标时提交,非招标工程在合同洽商时提交。在施工过程中,由于进度计划的调整,发承包双方应对支付分解进行调整。

1)已标价工程量清单中的总价项目进度款支付分解方法可选以下之一(但不限于):

①将各个总价项目的总金额按合同约定的计量周期平均支付。

②按照各个总价项目的总金额占签约合同价的百分比,以及各个计量支付周期内所完成的单价项目的总金额,以百分比方式均摊支付。

③按照各个总价项目组成的性质(如时间、与单价项目的关联性等)分解到形象进度计划或计量周期中,与单价项目一起支付。

2)采用经审定批准的施工图纸及其预算方式发包形成的总价合同,除由于工程变更形成的工程量增减予以调整外,其余工程量不予调整。因此,总价合同的进度款支付应按照计量周期进行支付分解,以便进度款有序支付。

(5)发包人提供的甲供材料金额,应按照发包人签约提供的单价和数量从进度款支付中扣除,列入本周期应扣减的金额中。

(6)承包人现场签证和得到发包人确认的索赔金额应列入本周期应增加的金额中。

(7)进度款的支付比例按照合同约定,按期中结算价款总额计算,不低于60%,不高于90%。

(8)承包人应在每个计量周期到期后的7天内向发包人提交已完工程进度款支付申请一式四份,详细说明此周期认为有权得到的款额,包括分包人已完工程的价款。支付申请应包括下列内容:

1)累计已完成的合同价款。

2)累计已实际支付的合同价款。

3)本周期合计完成的合同价款。

①本周期已完成单价项目的金额。

②本周期应支付的总价项目的金额。

③本周期已完成的计日工价款。

④本周期应支付的安全文明施工费。

⑤本周期应增加的金额。

4)本周期合计应扣减的金额。

①本周期应扣回的预付款。

②本周期应扣减的金额。

5)本周期实际应支付的合同价款。

上述"本周期应增加的金额"包括除单价项目、总价项目、计日工、安全文明施工费外的全部应增金额,如索赔、现场签证金额,"本周期应扣减的金额"包括除预付款外的全部应减金额。

由于进度款的支付比例最高不超过90%,而且根据原建设部、财政部印发的《建设工程质量保证金管理暂行办法》第七条规定:"全部或者部分使用政府投资的建设项目,按工程价款结算总额5%左右的比例预留保证金",因此"13计价规范"未在进度款支付中要求扣减质量保证金,而是在竣工结算价款中预留保证金。

(9)发包人应在收到承包人进度款支付申请后的14天内,根据计量结果和合同约定对申请内容予以核实,确认后向承包人出具进度款支付证书。若发承包双方对部分清单项目的计量结果出现争议,发包人应对无争议部分的工程计量结果向承包人出具进度款支付证书。

(10)发包人应在签发进度款支付证书后的14天内,按照支付证书列明的金额向承包人支付进度款。

(11)若发包人逾期未签发进度款支付证书,则视为承包人提交的进度款支付申请已被发包人认可,承包人可向发包人发出催告付款的通知。发包人应在收到通知后的14天内,按照承包人支付申请的金额向承包人支付进度款。

(12)发包人未按照规定支付进度款的,承包人可催告发包人支付,并有权获得延迟支付的利息;发包人在付款期满后的7天内仍未支付的,承包人可在付款期满后的第8天起暂停施工。发包人应承担由此增加的费用和延误的工期,向承包人支付合理利润,并应承担违约责任。

(13)发现已签发的任何支付证书有错、漏或重复的数额,发包人有权予以修正,承包人也有权提出修正申请。经发承包双方复核同意修正的,应在本次到期的进度款中支付或扣除。

第三节 合同价款争议解决

施工合同履行过程中出现争议是在所难免的,解决合同履行过程中争议的主要方法包括协商、调解、仲裁和诉讼四种。当发承包双方发生争议后,可以先进行协商和解从而达到消除争议的目的,也可以请第三方进行调解;若争议继续存在,发承包双方可以继续通过仲裁或诉讼的途径解决,当然,也可以直接进入仲裁或诉讼程序解决争议。不论采用何种方式解决发承包双方的争议,只有及时并有效地解决施工过程中的合同价款争议,才是工程建设顺利进行的必要保证。

一、监理或造价工程师暂定

从我国现行施工合同示范文本、监理合同示范文本、造价咨询合同示范文本的内容可以看出,合同中一般均会对总监理工程师或造价工程师在合同履行过程中发承包双方的争议如何处理有所约定。为使合同争议在施工过程中能够由总监理工程师或造价工程师予以解

决,"13计价规范"对总监理工程师或造价工程师的合同价款争议处理流程及职责权限进行了如下约定:

(1)若发包人和承包人之间就工程质量、进度、价款支付与扣除、工期延期、索赔、价款调整等发生任何法律上、经济上或技术上的争议,首先应根据已签约合同的规定,提交合同约定职责范围内的总监理工程师或造价工程师解决,并应抄送另一方。总监理工程师或造价工程师在收到此提交件后14天内应将暂定结果通知发包人和承包人。发承包双方对暂定结果认可的,应以书面形式予以确认,暂定结果成为最终决定。

(2)发承包双方在收到总监理工程师或造价工程师的暂定结果通知之后的14天内未对暂定结果予以确认也未提出不同意见的,应视为发承包双方已认可该暂定结果。

(3)发承包双方或一方不同意暂定结果的,应以书面形式向总监理工程师或造价工程师提出,说明自己认为正确的结果,同时抄送另一方,此时该暂定结果成为争议。在暂定结果对发承包双方当事人履约不产生实质影响的前提下,发承包双方应实施该结果,直到按照发承包双方认可的争议解决办法被改变为止。

二、管理机构的解释和认定

(1)合同价款争议发生后,发承包双方可就工程计价依据的争议以书面形式提请工程造价管理机构对争议以书面文件进行解释或认定。工程造价管理机构是工程造价计价依据、办法以及相关政策的制定和管理机构。发包人、承包人或工程造价咨询人在工程计价中,对计价依据、办法以及相关政策规定发生的争议进行解释是工程造价管理机构的职责。

(2)工程造价管理机构应在收到申请的10个工作日内就发承包双方提请的争议问题进行解释或认定。

(3)发承包双方或一方在收到工程造价管理机构书面解释或认定后仍可按照合同约定的争议解决方式提请仲裁或诉讼。除工程造价管理机构的上级管理部门做出了不同的解释或认定,或在仲裁裁决或法院判决中不予采信的外,工程造价管理机构做出的书面解释或认定应为最终结果,并应对发承包双方均有约束力。

三、协商和解

(1)合同价款争议发生后,发承包双方任何时候都可以进行协商。协商达成一致的,双方应签订书面和解协议,并明确和解协议对发承包双方均有约束力。

(2)如果协商不能达成一致协议,发包人或承包人可以按合同约定的其他方式解决争议。

四、调解

按照《中华人民共和国合同法》的规定,当事人可以通过调解解决合同争议,但在工程建设领域,目前的调解主要出现在仲裁或诉讼中,即司法调解;有的通过建设行政主管部门或工程造价管理机构处理,双方认可,即行政调解。

司法调解耗时较长,且增加了诉讼成本;行政调解受行政管理人员专业水平、处理能力等的影响,其效果也受到限制。因此,"13 计价规范"提出了由发承包双方约定相关工程专家作为合同工程争议调解人的思路,类似于国外的争议评审或争端裁决,可定义为专业调解,这在我国合同法的框架内,为有法可依,使争议尽可能在合同履行过程中得到解决,确保工程建设顺利进行。

(1)发承包双方应在合同中约定或在合同签订后共同约定争议调解人,负责双方在合同履行过程中发生争议的调解。

(2)合同履行期间,发承包双方可协议调换或终止任何调解人,但发包人或承包人都不能单独采取行动。除非双方另有协议,否则在最终结清支付证书生效后,调解人的任期应即终止。

(3)如果发承包双方发生了争议,任何一方可将该争议以书面形式提交调解人,并将副本抄送另一方,委托调解人调解。

(4)发承包双方应按照调解人提出的要求,给调解人提供所需要的资料、现场进入权及相应设施。调解人不应被视为是在进行仲裁人的工作。

(5)调解人应在收到调解委托后28天内或由调解人建议并经发承包双方认可的其他期限内提出调解书,发承包双方接受调解书的,经双方签字后作为合同的补充文件,对发承包双方均具有约束力,双方都应立即遵照执行。

(6)当发承包双方中任一方对调解人的调解书有异议时,应在收到调解书后28天内向另一方发出异议通知,并应说明争议的事项和理由。但除非并直到调解书在协商和解或仲裁裁决、诉讼判决中做出修改,或合同已经解除,否则承包人应继续按照合同实施工程。

(7)当调解人已就争议事项向发承包双方提交了调解书,而任一方在收到调解书后28天内均未发出表示异议的通知时,调解书对发承包双方应均具有约束力。

五、仲裁、诉讼

(1)发承包双方的协商和解或调解均未达成一致意见,其中的一方已就此争议事项根据合同约定的仲裁协议申请仲裁,应同时通知另一方。进行协议仲裁时,应遵守《中华人民共和国仲裁法》的有关规定,如第四条:"当事人采用仲裁方式解决纠纷,应当双方自愿,达成仲裁协议。没有仲裁协议,一方申请仲裁的,仲裁委员会不予受理";第五条:"当事人达成仲裁协议,一方向人民法院起诉的,人民法院不予受理,但仲裁协议无效的除外";第六条:"仲裁委员会应当由当事人协议选定。仲裁不实行级别管辖和地域管辖"。

(2)仲裁可在竣工之前或之后进行,但发包人、承包人、调解人各自的义务不得因在工程实施期间进行仲裁而有所改变。当仲裁是在仲裁机构要求停止施工的情况下进行时,承包人应对合同工程采取保护措施,由此增加的费用应由败诉方承担。

(3)在前述"一、"至"四、"中规定的期限之内,暂定或和解协议或调解书已经有约束力的情况下,当发承包中一方未能遵守暂定或和解协议或调解书时,另一方可在不损害他可能具有的任何其他权利的情况下,将未能遵守暂定或不执行和解协议或调解书达成的事项提交仲裁。

(4)发包人、承包人在履行合同时发生争议,双方不愿和解、调解或者和解、调解不成,又没有达成仲裁协议的,可依法向人民法院提起诉讼。

第九章　工程竣工结算与竣工决算

第一节　工程竣工结算

一、竣工结算概述

1. 工程竣工结算的概念

工程竣工结算是指施工企业按照合同规定的内容全部完成所承包的工程,经验收质量合格,并符合合同要求之后,向发包单位进行的最终工程款结算。它是工程的最终造价、实际造价。

工程竣工结算,意味着承发包双方经济关系的最终结束和财务往来结清,应根据"工程结算书"和"工程价款结算账单"进行。前者是承包商根据合同条文、合同造价、设计变更增(减)项目、现场经济签证费用和施工期间国家有关政策性费用调整文件编制确定的工程最终造价的经济文件,是向业主应收的全部工程价款。后者表示承包单位已向业主收取的工程款。以上二者由承包商在工程竣工验收点交后编制,送业主审查无误,并征得有关部门审查同意后,由承发包单位共同办理竣工结算手续,才能进行工程结算。

2. 工程竣工结算的作用

(1)竣工结算是编制概算定额、概算指标的依据,能反映园林绿化工程的实际造价,以及园林绿化工程工作量和实物量的实际完成情况。

(2)竣工结算是完结建设单位与施工单位合同关系和经济责任的依据,是确定工程的最终造价。

(3)竣工结算是施工企业经济核算和考核工程成本的依据。

3. 工程竣工结算的程序

(1) 合同工程完工后,承包人应在经发承包双方确认的合同工程期中价款结算的基础上汇总编制完成竣工结算文件,并应在提交竣工验收申请的同时向发包人提交竣工结算文件。

承包人未在合同约定的时间内提交竣工结算文件,经发包人催告后 14 天内仍未提交或没有明确答复的,发包人有权根据已有资料编制竣工结算文件,作为办理竣工结算和支付结算款的依据,承包人应予以认可。

(2) 发包人应在收到承包人提交的竣工结算文件后的 28 天内核对。发包人经核实,认为承包人还应进一步补充资料和修改结算文件的,应在上述时限内向承包人提出核实意见,承包人在收到核实意见后的 28 天内应按照发包人提出的合理要求补充资料,修改竣工结算文件,并应再次提交给发包人复核后批准。

(3) 发包人应在收到承包人再次提交的竣工结算文件后的 28 天内予以复核,将复核结果通知承包人,并应遵守下列规定:

1) 发包人、承包人对复核结果无异议的,应在 7 天内在竣工结算文件上签字确认,竣工结算办理完毕。

2) 发包人或承包人对复核结果认为有误的,无异议部分按照第 1) 款规定办理不完全竣工结算;有异议部分由发包承包双方协商解决;协商不成的,应按照合同约定的争议解决方式处理。

(4) 发包人在收到承包人竣工结算文件后的 28 天内,不核对竣工结算或未提出核对意见的,应视为承包人提交的竣工结算文件已被发包人认可,竣工结算办理完毕。

(5) 承包人在收到发包人提出的核实意见后的 28 天内,不确认也未提出异议的,应视为发包人提出的核实意见已被承包人认可,竣工结算办理完毕。

(6) 发包人委托工程造价咨询人核对竣工结算的,工程造价咨询人应在 28 天内核对完毕,核对结论与承包人竣工结算文件不一致的,应提交给承包人复核;承包人应在 14 天内将同意核对结论或不同意见的说明提交工程造价咨询人。工程造价咨询人收到承包人提出的异议后,应再次复核,复核无异议的,应按第(3)条第1)款的规定办理,复核后仍有异议的,按第(3)条第2)款的规定办理。

承包人逾期未提出书面异议的,应视为工程造价咨询人核对的竣工结算文件已经承包人认可。

(7)对发包人或发包人委托的工程造价咨询人指派的专业人员与承包人指派的专业人员经核对后无异议并签名确认的竣工结算文件,除非发承包人能提出具体、详细的不同意见,否则发承包人都应在竣工结算文件上签名确认,如其中一方拒不签认的,按下列规定办理:

1)若发包人拒不签认的,承包人可不提供竣工验收备案资料,并有权拒绝与发包人或其上级部门委托的工程造价咨询人重新核对竣工结算文件。

2)若承包人拒不签认的,发包人要求办理竣工验收备案的,承包人不得拒绝提供竣工验收资料,否则,由此造成的损失,承包人承担相应责任。

(8)合同工程竣工结算核对完成,发承包双方签字确认后,发包人不得要求承包人与另一个或多个工程造价咨询人重复核对竣工结算。

(9)发包人对工程质量有异议,拒绝办理工程竣工结算的,已竣工验收或已竣工未验收但实际投入使用的工程,其质量争议应按该工程保修合同执行,竣工结算应按合同约定办理;已竣工未验收且未实际投入使用的工程以及停工、停建工程的质量争议,双方应就有争议的部分委托有资质的检测鉴定机构进行检测,并应根据检测结果确定解决方案,或在工程质量监督机构的处理决定执行后办理竣工结算,无争议部分的竣工结算应按合同约定办理。

二、工程竣工结算的编制依据

(1)"13计价规范"。

(2)工程合同。

(3)发承包双方实施过程中已确认的工程量及其结算的合同

价款。

(4)发承包双方实施过程中已确认调整后追加(减)的合同价款。

(5)建设工程设计文件及相关资料。

(6)投标文件。

(7)其他依据。

三、工程竣工结算的编制程序及方法

(一)工程竣工结算编制程序

工程竣工结算应按准备、编制和定稿三个工作阶段进行,并实行编制人、校对人和审核人分别署名盖章确认的内部审核制度。

1. 编制准备阶段

(1)收集与工程结算编制相关的原始资料。

(2)熟悉工程结算资料内容,并进行分类、归纳、整理。

(3)召集相关单位或部门的有关人员参加工程结算预备会议,对结算内容和结算资料进行核对与完善。

(4)收集建设期内影响合同价格的法律和政策性文件。

2. 编制阶段

(1)根据竣工图及施工图以及施工组织设计进行现场踏勘,对需要调整的工程项目进行观察、对照、必要的现场实测和计算,做好书面或影像记录。

(2)按既定的工程量计算规则计算需调整的分部分项、施工措施或其他项目工程量。

(3)按招投标文件、施工发承包合同规定的计价原则和计价办法对分部分项、施工措施或其他项目进行计价。

(4)对于工程量清单或定额缺项以及采用新材料、新设备、新工艺的,应根据施工过程中的合理消耗和市场价格,编制综合单价或单位估价分析表。

(5)工程索赔应按合同约定的索赔处理原则、程序和计算方法,提出索赔费用,经发包人确认后作为结算依据。

(6)汇总计算工程费用,包括编制分部分项工程费、施工措施项目费、其他项目费、零星工作项目费或直接费、间接费、利润和税金等表格,初步确定工程结算价格。

(7)编写编制说明。

(8)计算主要技术经济指标。

(9)提交结算编制的初步成果文件待校对、审核。

3. 定稿阶段

(1)由结算编制受托人单位的部门负责人对初步成果文件进行检查、校对。

(2)由结算编制受托人单位的主管负责人审核批准。

(3)在合同约定的期限内,向委托人提交经编制人、校对人、审核人和受托人单位盖章确认的正式的结算编制文件。

(二)工程竣工结算编制方法

工程竣工结算的编制应区分施工发承包合同类型,采用相应的编制方法。

(1)采用总价合同的,应在合同价基础上对设计变更、工程洽商以及工程索赔等合同约定可以调整的内容进行调整。

(2)采用单价合同的,应计算或核定竣工图或施工图以内的各个分部分项工程量,依据合同约定的方式确定分部分项工程项目价格,并对设计变更、工程洽商、施工措施以及工程索赔等内容进行调整。

(3)采用成本加酬金合同的,应依据合同约定的方法计算各个分部分项工程以及设计变更、工程洽商、施工措施等内容的工程成本,并计算酬金及有关税费。

工程结算编制中涉及的工程单价应按合同要求分别采用综合单价或工料单价。工程量清单计价的工程项目应采用综合单价;定额计价的工程项目可采用工料单价。

四、工程竣工结算审核

工程竣工结算审核主要从资料完善性、综合单价合理性、工程量的准确性、合同内容的执行情况、规费税金、清单项目设置与计量规则执行"13计价规范"的情况六个方面进行审查。

(1)资料完善性。结算资料主要包括施工单位的投标文件、竣工图纸、施工图纸,造价咨询公司出具的结算文件、工程变更与设计变更资料、现场签证资料等,送审的结算资料必须完善齐备并且有效合理。

(2)综合单价合理性。

1)新增项目有参照项目的,其综合单价可按类似项目的市场价并考虑当时的投标水平计价。

2)新材料、新工艺项目的综合单价应按先谈价后施工的原则计价。

3)对于中标单位综合单价错误报价的处理方法:合同内工程量按合同单价计价,增减工程量的综合单价应做出合理调整。

(3)工程量的准确性。工程量的准确性是一个相对概念,一般准确度在±5%。进行工程量结算审核一般可采用实算法、增减法、建筑面积法、系数法、含量法。

(4)合同内容的执行情况。审查结算应按合同规定的结算方法进行结算。因施工单位原因引起工期延误或提前,合同有违约金规定的,结算时应按约定计价;暂定金额是招标文件对未明确的工程项目给予一笔估计的金额,结算时应按实进行结算。合同约定对材料、人工、机械价格一般不作调整,但对于不可预见性的大幅上涨,根据政策文件可作协议补差。

(5)规费税金。增加工程的规费可按增加工程的造价以合同规费计价。税率调整时,原则上以提交的发票为准计算已完税工程;未完税的工程按调整后的税率计价,但实际操作比较困难;对于工程造价较小的工程,一般对增加工程按调整后的税率计价。

(6)清单项目设置与计量规则执行"13计价规范"的情况。审核清单项目设置、计量规则是否符合规范要求。

五、工程竣工结算使用表格

工程竣工结算使用的表格包括封-4、扉-4、表-01、表-05、表-06、表-07、表-08、表-09、表-10、表-11、表-12、表-13、表-14、表-15、表-16、表-17、表-18、表-19、表-20、表-21 或表-22。

1. 竣工结算书封面(表 9-1)

表 9-1　　　　　　　　　　竣工结算书封面

_____工程

竣工结算书

发 包 人：_____

（单位盖章）

承 包 人：_____

（单位盖章）

造价咨询人：_____

（单位盖章）

年　月　日

封-4

2. 竣工结算总价扉页(表 9-2)

表 9-2 竣工结算总价扉页

_____ 工程

竣工结算总价

签约合同价(小写):_____ (大写):_____

竣工结算价(小写):_____ (大写):_____

发 包 人:_____   承 包 人:_____   造价咨询人:_____
　(单位盖章)　　　　(单位盖章)　　　(单位资质专用章)

法定代表人　　　　法定代表人　　　　法定代表人
或其授权人:_____　或其授权人:_____　或其授权人:_____
　(签字或盖章)　　　(签字或盖章)　　　(签字或盖章)

编 制 人:_____　核 对 人:_____
 (造价人员签字盖专用章)　(造价工程师签字盖专用章)

编制时间:　年　月　日　　核对时间:　年　月　日

扉-4

3. 建设项目竣工结算汇总表(表9-3)

表9-3　　　　　　　　建设项目竣工结算汇总表

工程名称：　　　　　　　　　　　　　　　　　　　　　　第　页共　页

序号	单项工程名称	金额(元)	其中：(元)	
			安全文明施工费	规费
	合　计			

表-05

4. 单项工程竣工结算汇总表(表9-4)

表9-4　　　　　　　　单项工程竣工结算汇总表

工程名称：　　　　　　　　　　　　　　　　　　　　　　第　页共　页

序号	单项工程名称	金额(元)	其中：(元)	
			安全文明施工费	规费
	合　计			

表-06

5. 单位工程竣工结算汇总表(表 9-5)

表 9-5　　　　　　　　单位工程竣工结算汇总表

工程名称：　　　　　　　　标段：　　　　　　　第　页共　页

序号	汇总内容	金额(元)
1	分部分项工程	
1.1		
1.2		
1.3		
2	措施项目	
2.1	其中：安全文明施工费	
3	其他项目	
3.1	其中：专业工程暂估价	
3.2	其中：计日工	
3.3	其中：总承包服务费	
3.4	其中：索赔与现场签证	
4	规费	
5	税金	
招标控制价合计＝1＋2＋3＋4＋5		

注：如无单位工程划分，单项工程也使用本表汇总。

6. 综合单价调整表(表9-6)

表9-6　　　　　　　　　　　综合单价调整表

工程名称：　　　　　　　　标段：　　　　　　　第　页共　页

序号	项目编码	项目名称	已标价清单综合单价(元)					调整后综合单价(元)				
			综合单价	其中				综合单价	其中			
				人工费	材料费	机械费	管理费和利润		人工费	材料费	机械费	管理费和利润
造价工程师(签章)： 发包人代表(签章)：								造价人员(签章)： 承包人代表(签章)： 日期：				

注：综合单价调整应附调整依据。

表-10

7. 索赔与现场签证计价汇总表(表9-7)

表 9-7　　　　　　　索赔与现场签证计价汇总表

工程名称：　　　　　　　　　　标段：　　　　　　　　　第　页共　页

序号	签证及索赔项目名称	计量单位	数量	单价(元)	合价(元)	索赔及签证依据
—	本页小计	—	—	—		—
—	合　计	—	—	—		—

注：签证及索赔依据是指双方认可的签证单和索赔依据的编号。

8. 费用索赔申请(核准)表(表 9-8)

表 9-8　　　　　　　　费用索赔申请(核准)表

工程名称：　　　　　　　　标段：　　　　　　　编号：

致：_____(发包人全称)
根据施工合同条款_____条的约定，由于_____原因，我方要求索赔金额(大写)_____(小写_____)，请予核准。 附：1. 费用索赔的详细理由和依据： 　　2. 索赔金额的计算： 　　3. 证明材料： 　　　　　　　　　　　　　　　　　　　　　　　　　承包人(章) 造价人员_____　　承包人代表_____　　　　日　期_____

复核意见： 　　根据施工合同条款_____条的约定，你方提出的费用索赔申请经复核： □不同意此项索赔，具体意见见附件。 □同意此项索赔，索赔金额的计算，由造价工程师复核。 　　　　　监理工程师_____ 　　　　　日　期_____	复核意见： 　　根据施工合同条款_____条的约定，你方提出的费用索赔申请经复核，索赔金额为(大写)_____(小写_____)。 　　　　　造价工程师_____ 　　　　　日　期_____

审核意见： □不同意此项索赔。 □同意此项索赔，与本期进度款同期支付。   　　　　　　　　　　　　　　　　　　　　　　　发包人(章) 　　　　　　　　　　　　　　　　　　　　　　　发包人代表_____ 　　　　　　　　　　　　　　　　　　　　　　　日　期_____

注：1. 在选择栏中的"□"内做标识"√"。
　　2. 本表一式四份，由承包人填报，发包人、监理人、造价咨询人、承包人各存一份。

表-12-7

9. 现场签证表(表 9-9)

表 9-9 现场签证表

工程名称：　　　　　　　　标段：　　　　　　　　编号：

施工部位		日　期	
致：_____(发包人全称) 　　根据_____(指令人姓名)　年　月　日的口头指令或你方_____(或监理人)　年　月　日的书面通知，我方要求完成此项工作应支付价款金额为(大写)_____(小写_____)，请予核准。 附：1. 签证事由及原因： 　　2. 附图及计算式： 　　　　　　　　　　　　　　　　　　　　　　　　　　承包人(章) 造价人员_____　　承包人代表_____　　日　期_____			
复核意见： 　你方提出的此项签证申请经复核： 　□不同意此项签证，具体意见见附件。 　□同意此项签证，签证金额的计算，由造价工程师复核。 　　　　监理工程师_____ 　　　　日　期_____		复核意见： 　□此项签证按承包人中标的计日工单价计算，金额为(大写)_____(小写_____)。 　□此项签证因无计日工单价，金额为(大写)_____(小写_____)。 　　　　造价工程师_____ 　　　　日　期_____	
审核意见： 　□不同意此项签证。 　□同意此项签证，价款与本期进度款同期支付。 　　　　　　　　　　　　　　　　　　　　　　　　　　发包人(章) 　　　　　　　　　　　　　　　　　　　　　　　　　　发包人代表_____ 　　　　　　　　　　　　　　　　　　　　　　　　　　日　期_____			

注：1. 在选择栏中的"□"内做标识"√"。
　　2. 本表一式四份，由承包人在收到发包人(监理人)的口头或书面通知后填写，发包人、监理人、造价咨询人、承包人各存一份。

表-12-8

10. 工程计量申请(核准)表(表 9-10)

表 9-10　　　　　　　　工程计量申请(核准)表

工程名称：　　　　　　　　标段：　　　　　　第　页共　页

序号	项目编码	项目名称	计量单位	承包人申请数量	发包人核实数量	发承包人确认数量	备注

承包人代表：	监理工程师：	造价工程师：	发包人代表：
日期：	日期：	日期：	日期：

表-14

11. 预付款支付申请(核准)表(表 9-11)

表 9-11 预付款支付申请(核准)表

工程名称：　　　　　　　　　　标段：　　　　　　　　　　编号：

致：_____(发包人全称)

我方根据施工合同的约定,现申请支付工程预付款额为(大写)_____(小写_____),请予核准。

序号	名　　称	申请金额(元)	复核金额(元)	备　注
1	已签约合同价款金额			
2	其中:安全文明施工费			
3	应支付的预付款			
4	应支付的安全文明施工费			
5	合计应支付的预付款			

承包人(章)

造价人员_____　承包人代表_____　日　期_____

复核意见：	复核意见：
□与合同约定不相符,修改意见见附件。 □与合同约定相符,具体金额由造价工程师复核。 　　　监理工程师_____ 　　　日　　期_____	你方提出的支付申请经复核,应支付预付款金额为(大写)_____(小写_____)。 　　　造价工程师_____ 　　　日　　期_____

审核意见：
　□不同意。
　□同意,支付时间为本表签发后的 15 天内。

　　　　　　　　　　　　　　　　　　　　　　发包人(章)
　　　　　　　　　　　　　　　　　　　　　　发包人代表_____
　　　　　　　　　　　　　　　　　　　　　　日　　期_____

注：1. 在选择栏中的"□"内做标识"√"。
　　2. 本表一式四份,由承包人填报,发包人、监理人、造价咨询人、承包人各存一份。

表-15

12. 进度款支付申请(核准)表(表 9-12)

表 9-12　　　　　　　　进度款支付申请(核准)表

工程名称：　　　　　　　　标段：　　　　　　　　编号：

致：_____(发包人全称)

　　我方于_____至_____期间已完成了_____工作，根据施工合同的约定，现申请支付本周期的合同款额为(大写)_____(小写_____)，请予核准。

序号	名　称	实际金额 (元)	申请金额 (元)	复核金额 (元)	备注
1	累计已完成的合同价款		—		
2	累计已实际支付的合同价款		—		
3	本周期合计完成的合同价款				
3.1	本周期已完成单价项目的金额				
3.2	本周期应支付的总价项目的金额				
3.3	本周期已完成的计日工价款				
3.4	本周期应支付的安全文明施工费				
3.5	本周期应增加的合同价款				
4	本周期合计应扣减的金额				
4.1	本周期应抵扣的预付款				
4.2	本周期应扣减的金额				
5	本周期应支付的合同款				

附：上述 3、4 详见附件清单

　　　　　　　　　　　　　　　　　　　　　　承包人(章)

造价人员_____　　承包人代表_____　　日　期_____

复核意见： □与实际施工情况不相符，修改意见见附件。 □与实际施工情况相符，具体金额由造价工程师复核。 　　　　监理工程师_____ 　　　　日　期_____	复核意见： 　　你方提出的支付申请经复核，本期间已完成合同款额为(大写)_____ (小写_____)，周期应支付金额为(大写)_____(小写_____)。 　　　　造价工程师_____ 　　　　日　期_____
审核意见： □不同意。 □同意，支付时间为本表签发后的 15 天内。	 发包人(章) 发包人代表_____ 日　期_____

注：1. 在选择栏中的"□"内做标识"√"。
　　2. 本表一式四份，由承包人填报，发包人、监理人、造价咨询人、承包人各存一份。

表-17

13. 竣工结算款支付申请(核准)表(表9-13)

表 9-13　　　　竣工结算款支付申请(核准)表

工程名称：　　　　　　　　标段：　　　　　　　　编号：

致：_____(发包人全称)

我方于_____至_____期间已完成合同约定的工作,工程已经完工,根据施工合同的约定,现申请支付竣工结算合同款额为(大写)_____(小写_____),请予核准。

序号	名　　称	申请金额(元)	复核金额(元)	备注
1	竣工结算合同价款总额			
2	累计已实际支付的合同价款			
3	应预留的质量保证金			
4	应支付的竣工结算款金额			

　　　　　　　　　　　　　　　　　　　　　　　　承包人(章)
造价人员_____　　承包人代表_____　　日　　期_____

复核意见： □与实际施工情况不相符,修改意见见附件。 □与实际施工情况相符,具体金额由造价工程师复核。 　　　监理工程师_____ 　　　日　　期_____	复核意见： 　你方提出的竣工结算款支付申请经复核,竣工结算款总额为(大写)_____(小写_____),扣除前期支付以及质量保证金后应支付金额为(大写)_____(小写_____)。 　　　造价工程师_____ 　　　日　　期_____

审核意见：
□不同意。
□同意,支付时间为本表签发后的15天内。

　　　　　　　　　　　　　　　　　　　　发包人(章)
　　　　　　　　　　　　　　　　　　　　发包人代表_____
　　　　　　　　　　　　　　　　　　　　日　　期_____

注：1. 在选择栏中的"□"内做标识"√"。
　　2. 本表一式四份,由承包人填报,发包人、监理人、造价咨询人、承包人各存一份。

表-18

14. 最终结清支付申请(核准)表(表 9-14)

表 9-14   **最终结清支付申请(核准)表**

工程名称：   标段：   编号：

致：_____(发包人全称)

  我方于_____至_____期间已完成了缺陷修复工作,根据施工合同的约定,现申请支付最终结清合同款额为(大写)_____(小写_____),请予核准。

序号	名 称	申请金额(元)	复核金额(元)	备注
1	已预留的质量保证金			
2	应增加因发包人原因造成缺陷的修复金额			
3	应扣减承包人不修复缺陷、发包人组织修复的金额			
4	最终应支付的合同价款			

上述 3、4 详见附件清单

                   承包人(章)

造价人员_____ 承包人代表_____ 日 期_____

复核意见：
  □与实际施工情况不相符,修改意见见附件。
  □与实际施工情况相符,具体金额由造价工程师复核。
    监理工程师_____
    日 期_____
	复核意见：
	  你方提出的支付申请经复核,最终应支付金额为(大写)_____(小写_____)。
	
	    造价工程师_____
	    日 期_____

审核意见：
  □不同意。
  □同意,支付时间为本表签发后的 15 天内。

                   发包人(章)
                   发包人代表_____
                   日 期_____

注：1. 在选择栏中的"□"内做标识"√"。如监理人已退场,监理工程师栏可空缺。
  2. 本表一式四份,由承包人填报,发包人、监理人、造价咨询人、承包人各存一份。

第二节　工程竣工决算

一、工程竣工决算的概念

竣工决算是建设工程从筹建到竣工投产全过程中发生的所有实际支出，包括设备工器具购置费、建筑安装工程费和其他费用等。

竣工决算是工程经济效益的全面反映，是项目法人核定各类新增资产价值、办理其交付使用的依据。通过竣工决算，一方面能够正确反映工程的实际造价和投资结果；另一方面可以通过竣工决算与概算、预算的对比分析，考核投资控制的工作成效，总结经验教训，积累技术经济方面的基础资料，提高未来工程的投资效益。

二、工程竣工决算的作用

（1）竣工决算是施工单位与建设单位结清工程费用的依据。

（2）竣工决算是综合、全面地反映竣工项目建设成果及财务情况的总结性文件。它采用货币指标、实物数量、建设工期和种种技术经济指标综合、全面地反映园林绿化项目自开始建设到竣工为止的全部建设成果和财物状况。

（3）竣工决算是办理交付使用资产的依据，也是竣工验收报告的重要组成部分。建设单位与使用单位在办理交付资产的验收交接手续时，通过竣工决算反映了交付使用资产的全部价值，包括固定资产、流动资产、无形资产和其他资产的价值。同时，它还详细提供了交付使用资产的名称、规格、数量、型号和价值等明细资料，是使用单位确定各项新增资产价值并登记入账的依据。

（4）竣工决算是分析和检查设计概算的执行情况、考核投资效果的依据。竣工决算反映了竣工项目计划、实际的建设规模、建设工期和设计以及实际的生产能力，反映了概算总投资和实际的建设成本，同时还反映了所达到的主要技术经济指标。通过对这些指标计划数、概算数与实际数进行对比分析,不仅可以全面掌握建设项目计划和概算执行情况,而且可以考核建设项目投资效果,为今后制定基建计划,降低建设成本,提高投资效益提供必要的资料。

三、工程竣工决算的主要内容

工程竣工决算是在建设项目或单位工程完工后,由建设单位财务及有关部门,以竣工决算等资料为基础进行编制的。竣工决算全面反映了竣工项目从筹建到竣工全过程中各项资金的使用情况和设计概预算执行的结果。竣工决算是考核建设成本的重要依据,主要包括文字说明及决算报表两部分。

1. 文字说明

工程竣工决算的文字说明是对竣工决算报表进行分析和补充说明的文件,是考核分析工程投资与造价的书面总结,其内容主要包括工程概况、工程价款的处理、各项拨款使用情况、各项经济技术指标的分析、工程建设的经验、项目管理和财务管理等各项工作存在的问题及处理意见等。

2. 决算报表

工程竣工决算报表可根据大、中型建设项目和小型建设项目分别确定,其主要包括以下内容:

(1)大、中型建设项目决算报表。

1)建设项目竣工财务决算审批表(表9-15)。该表作为竣工决算上报有关部门审批时使用,其格式是按中央级小型项目审批要求设计的,地方级项目可按审批要求作适当修改。

2)大、中型建设项目竣工工程概况表(表9-16)。该表综合反映了大、中型建设项目的基本概况,内容包括该项目总投资、建设起止时间、新增生产能力、主要材料消耗、建设成本、完成主要工程量和主要技术经济指标及基本建设支出情况,为全面考核和分析投资效果提供依据。

表 9-15　　　　　　　建设项目竣工财务决算审批表

建设项目法人(建设单位)		建设性质	
建设项目名称		主管部门	

开户银行意见：   （盖章） 　　　年　　月　　日
专员办审批意见：   （盖章） 　　　年　　月　　日
主管部门或地方财政部门审批意见：   （盖章） 　　　年　　月　　日

表 9-16　　　　　大、中型建设项目竣工工程概况表

建设项目（单项工程）名称			建设地址					项目	概算	实际	主要指标
主要设计单位			主要施工企业					建筑安装工程			
占地面积	计划	实际	总投资（万元）	设计		实际		设备、工具、器具			
				固定资产	流动资产	固定资产	流动资产	待摊投资其中:建设单位管理费			
							基建支出				
新增生产能力	能力(效益)名称		设计		实际			其他投资			
								待核销基建支出			
建设起、止时间	设计		从　年　月开工至　年　月竣工					非经营项目转出投资			
	实际		从　年　月开工至　年　月竣工					合　　计			
设计概算批准文号							主要材料消耗	名称	单位	概算	实际
								钢材	t		
完成主要工程量	建筑面积(m²)		设备(台、套、t)					木材	m³		
								水泥	t		
	设计	实际	设计		实际		主要技术经济指标				
收尾工程	工程内容		投资额		完成时间						

3)大、中型建设项目竣工财务决算表(表9-17)。该表反映竣工的大中型建设项目从开工到竣工为止全部资金来源和资金运用的情况,是考核和分析投资结果,落实结余资金,并作为报告上级核销基本建

设支出和基本建设拨款的依据。在编制该表前,应先编制出项目竣工年度财务决算,根据编制出的竣工年度财务决算和历年财务决算编制项目的竣工财务决算。

表9-17　　　　大、中型建设项目竣工财务决算表　　　　单位:元

资金来源	金额	资金占用	金额	补充资料
一、基建拨款		一、基本建设支出		1. 基建投资借款期末余额
1. 预算拨款		1. 交付使用资产		
2. 基建基金拨款		2. 在建工程		2. 应收生产单位投资借款期末余额
3. 进口设备转账拨款		3. 待核销基建支出		
4. 器材转账拨款		4. 非经营项目转出投资		3. 基建结余资金
5. 煤代油专用基金拨款		二、应收生产单位投资借款		
6. 自筹资金拨款		三、拨付所属投资借款		
7. 其他拨款		四、器材		
二、项目资本金		其中:待处理器材损失		
1. 国家资本		五、货币资金		
2. 法人资本		六、预付及应收款		
3. 个人资本		七、有价证券		
三、项目资本公积金		八、固定资产		
四、基建借款		固定资产原值		
五、上级拨入投资借款		减:累计折旧		
六、企业债券资金		固定资产净值		
七、待冲基建支出		固定资产清理		
八、应付款		待处理固定资产损失		
九、未交款				
1. 未交税金				
2. 未交基建收入				
3. 未交基建包干节余				
4. 其他未交款				

续表

资金来源	金额	资金占用	金额	补充资料
十、上级拨入资金				
十一、留成收入				
合 计		合 计		

4)大、中型建设项目交付使用资产总表(表 9-18)。该表反映建设项目建成后新增固定资产、流动资产、无形资产和其他资产价值的情况和价值,作为财产交接、检查投资计划完成情况和分析投资效果的依据。小型项目不编制"交付使用资产总表",直接编制"交付使用资产明细表";大、中型项目在编制"交付使用资产总表"的同时,还需编制"交付使用资产明细表"。

表 9-18　　　　大、中型建设项目交付使用资产总表　　　　单位:元

单项工程项目名称	总计	固定资产					流动资产	无形资产	其他资产
		建筑工程	安装工程	设备	其他	合计			

支付单位盖章　　年　月　日　　　　接收单位盖章　　年　月　日

(2)小型建设项目决算报表。

1)建设项目竣工财务决算审批(表 9-15)。

2)小型建设项目竣工财务决算总表(表 9-19)。由于小型建设项目内容比较简单,因此可将工程概况与财务情况合并编制一张"竣工财务决算总表",该表主要反映小型建设项目的全部工程和财务情况。

表 9-19　　　　　小型建设项目竣工财务决算总表

建设项目名称		建设地址			资金来源		资金运用	
初步设计概算批准文号					项目	金额（元）	项目	金额（元）
占地面积	计划 实际	总投资（万元）	计划		一、基建拨款 其中：预算拨款		一、交付使用资产	
			固定资产	流动资产			二、待核销基建支出	
			实际					
			固定资产	流动资产	二、项目资本		三、非经营项目转出投资	
					三、项目资本公积金			
新增生产能力	能力（效益）名称	设计	实际		四、基建借款		四、应收生产单位投资借款	
					五、上级拨入借款			
建设起止时间	计划	从　年　月开工 至　年　月竣工			六、企业债券资金		五、拨付所属投资借款	
	实际	从　年　月开工 至　年　月竣工			七、待冲基建支出		六、器材	
基建支出	项　目		概算（元）	实际（元）	八、应付款		七、货币资金	
	建筑安装工程				九、未付款 其中：未交基建收入 未交包干收入		八、预付及应收款	
	设备、工具、器具						九、有价证券	
	待摊投资 其中：建设单位管理费						十、原有固定资产	
					十、上级拨入资金			
	其他投资				十一、留成收入			
	待核销基建支出							
	非经营性项目转出投资							
	合　　计				合　　计		合　　计	

3)建设项目交付使用资产明细表(表 9-20)。

表 9-20　　　　　建设项目交付使用资产明细表

单位工程项目名称	建筑工程			设备、工具、器具、家具					流动资产		无形资产		其他资产	
	结构	面积(m^2)	价值(元)	规格型号	单位	数量	价值(元)	设备安装费(元)	名称	价值(元)	名称	价值(元)	名称	价值(元)
合计														

支付单位盖章　　年　　月　　日　　　　　　接收单位盖章　　年　　月　　日

参考文献

[1] 中华人民共和国住房和城乡建设部. GB 50500—2013 建设工程工程量清单计价规范[S]. 北京:中国计划出版社,2013.

[2] 中华人民共和国住房和城乡建设部. GB 50858—2013 园林绿化工程工程量计算规范[S]. 北京:中国计划出版社,2013.

[3] 规范编写组. 2013 建设工程计价计量规范辅导[M]. 北京:中国计划出版社,2013.

[4] 鲁敏,刘佳. 园林工程概预算及工程量清单计价[M]. 北京:化学工业出版社,2008.

[5] 高蓓. 园林工程造价应用与细节解析[M]. 合肥:安徽科学技术出版社,2010.

[6] 《工程造价计解析价与控制》编委会. 工程造价计价与控制[M]. 4 版. 北京:中国计划出版社,2009.

[7] 中国建设工程造价管理协会. 建设工程造价管理基础知识[M]. 北京:中国计划出版社,2007.

我们提供

图书出版、图书广告宣传、企业/个人定向出版、设计业务、企业内刊等外包、代选代购图书、团体用书、会议、培训，其他深度合作等优质高效服务。

编辑部	宣传推广	出版咨询	图书销售	设计业务
010-68343948	010-68361706	010-68343948	010-88386906	010-68361706

邮箱：jccbs-zbs@163.com　　网址：www.jccbs.com.cn

发展出版传媒　　服务经济建设

传播科技进步　　满足社会需求

(版权专有，盗版必究。未经出版者预先书面许可，不得以任何方式复制或抄袭本书的任何部分。举报电话：010-68343948)